Agricultures tropicales en poche
Directeur de la collection
Philippe Lhoste

La santé animale

Volume 1. Généralités

Archie Hunter

Avec la collaboration de
Gerrit Uilenberg
Christian Meyer

Traduit par Anya Cockle

Ont aussi collaboré à cet ouvrage :
Emmanuel Camus, Jean-Hubert Chantal, Dominique Cuisance,
Renaud Lancelot, Didier Richard, François Roger,
Georges Tacher, Emmanuel Tillard, Robert Vindrinet

AF373160

Cirad, CTA, Karthala

Le Centre technique de coopération agricole et rurale (CTA) a été créé en 1983 dans le cadre de la Convention de Lomé entre les États du Groupe ACP (Afrique, Caraïbes, Pacifique) et les pays membres de l'Union européenne. Depuis 2000, le CTA exerce ses activités dans le cadre de l'Accord de Cotonou ACP-CE.

Le CTA a pour mission de développer et de fournir des services qui améliorent l'accès des pays ACP à l'information pour le développement agricole et rural, et de renforcer les capacités de ces pays à produire, acquérir, échanger et exploiter l'information dans ce domaine. Les programmes du CTA sont conçus pour : fournir un large éventail de produits et services d'information et mieux faire connaître les sources d'information pertinentes ; encourager l'utilisation combinée de canaux de communication adéquats et intensifier les contacts et les échanges d'information, entre les acteurs ACP en particulier ; renforcer la capacité ACP à produire et à gérer l'information agricole et à mettre en œuvre des stratégies de GIC, notamment en rapport avec la science et la technologie. Le travail du CTA tient compte de l'évolution des méthodologies et des questions transversales telles que le genre et le capital social.

CTA, Postbus 380, 6700 AJ Wageningen, Pays-Bas

Version originale publiée en anglais sous le titre *Animal Health – Volume 1. General Principles* par Macmillan Education, division de Macmillan Publishers Limited (en coopération avec le CTA) en 1996.
Cette édition a été traduite et publiée sous licence de Macmillan Education. L'auteur a revendiqué le droit d'être identifié comme auteur de cet ouvrage.

ISBN Cirad 2-87614-622-3
ISBN CTA 92-9081-311-3
ISBN Karthala 2-84586-748-4

ISSN en cours

Sommaire

 # Préface de l'édition française

Ce volume sur la santé animale inaugure la nouvelle série « Agricultures tropicales en poche », qui vient d'être lancée par un consortium réunissant le Cirad, le CTA, Karthala et Macmillan. Elle constitue la version française de la collection anglaise « The Tropical Agriculturalist ».

A l'occasion de cette traduction de l'ouvrage *Animal Health* (volume 1) d'Archie Hunter (1996), un collectif de spécialistes français, en majorité du Cirad, coordonnés par Christian Meyer, a révisé et actualisé le texte, pour tenir compte des expériences complémentaires des relecteurs et des avancées scientifiques et techniques récentes dans ce domaine. Gerrit Uilenberg, qui était déjà associé en tant que collaborateur à la version originale anglaise, a également relu intégralement l'ouvrage en français et validé l'ensemble des nouveaux apports. Enfin, Archie Hunter et Anthony J. Smith ont été consultés pour donner leur accord sur cette version.

Nous tenons à remercier chaleureusement tous ces collaborateurs, qui ont permis d'actualiser cet ouvrage succinct mais complet, très pratique et tout à fait à jour, qui devrait rendre de grands services aux agents sur le terrain.

Philippe Lhoste

Préface de l'édition originale en anglais

Voici le onzième ouvrage d'une série de quinze consacrés à la production animale dans les régions intertropicales. Les dix titres précédents ont tour à tour abordé les volailles, les ovins, les porcs, les lapins et les caprins, ainsi que l'alimentation des ruminants, la production laitière, la sélection, les systèmes de production et la santé animale (volume 2). Le but de cette collection est d'offrir aux étudiants, aux conseillers agricoles et aux éleveurs des informations actualisées, sous une forme accessible à tous. Chacun de ces ouvrages est rédigé par un expert, qui a été amené à fréquenter divers pays tropicaux au cours de son parcours professionnel. Le présent volume, le premier de deux, a pour auteur Archie Hunter, maître de conférence au centre de médecine vétérinaire tropicale de l'université d'Edimbourg, un spécialiste qui a accumulé une expérience considérable dans le domaine des maladies des animaux dans les régions intertropicales où il a longtemps travaillé.

Préserver la santé des animaux sous les tropiques constitue un enjeu majeur, que la plupart des gouvernements des pays concernés considèrent comme prioritaire dans leur effort pour améliorer la productivité de leur cheptel. Le sujet est si vaste que deux volumes de cette collection sont nécessaires pour en couvrir tous les aspects. Le premier volume rappelle les notions fondamentales de pathologie animale et récapitule les principaux axes de lutte, tandis que le second se penche en détail sur les différentes maladies.

Cet ouvrage traite des causes et des modes de transmission des maladies ainsi que des moyens d'action dont on dispose. Il embrasse non seulement les affections dues aux micro-organismes, aux arthropodes et aux helminthes, mais encore les désordres métaboliques et les intoxications. Des cartes présentant les aires de répartition des principales maladies tropicales viennent compléter ces exposés.

Les signes de bonne santé et les symptômes à rechercher chez un animal malade sont clairement décrits. Une série de tableaux passe en revue les principales caractéristiques de l'épidémiologie et du diagnostic associées aux maladies et aux dysfonctionnements métaboliques qui sont susceptibles de se manifester chez la plupart des espèces d'élevage des régions tropicales, à l'exception toutefois des animaux de basse-cour.

Le livre s'achève par un chapitre consacré aux procédures courantes de médecine vétérinaire, qui décrit en particulier les différents modes d'administration des traitements. Le lecteur, en combinant les enseignements apportés par ce volume 1 avec ceux du volume 2 ou des autres ouvrages de la même série portant sur les différentes espèces domestiques, disposera d'informations pertinentes sur les maladies des animaux dans les régions tropicales, leur importance et les moyens de les combattre.

Anthony J. Smith, 1996

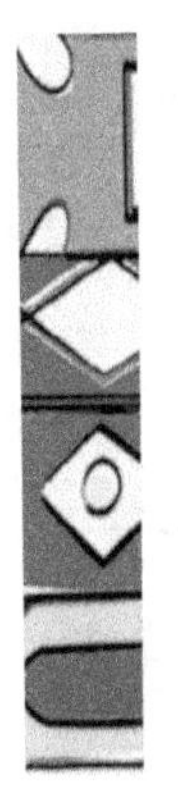

1. Les différents types de maladie

Les ouvrages consacrés aux maladies des animaux domestiques tendent souvent à privilégier les maladies parasitaires ou infectieuses. Cette optique est regrettable car les animaux malades observés sur le terrain souffrent bien souvent d'autre chose que de problèmes simplement parasitaires ou infectieux, comme peut le constater toute personne dotée d'une certaine expérience.

Qu'est-ce qu'une maladie ?

Une maladie est tout processus qui porte atteinte aux fonctions normales d'un animal. Toutefois, si un individu dont un membre est fracturé peut, en principe et dans la mesure où il ne peut plus se mouvoir correctement, être considéré comme souffrant d'une maladie, il reste que ce terme exclut en général les dysfonctionnements d'origine accidentelle. Les maladies se divisent en plusieurs types qu'il est essentiel de bien connaître pour comprendre les caractéristiques qui sont propres à chacune. Il existe diverses manières de les classer, et ce chapitre se propose de décrire sommairement les principes généraux afférents aux différentes catégories (qui seront ensuite reprises plus en détails dans le volume 2), à savoir, les maladies infectieuses et contagieuses, les maladies vénériennes et congénitales, les troubles dus aux arthropodes, les maladies transmises par les arthropodes, les infections helminthiques et les maladies liées à des facteurs environnementaux ou à des problèmes d'élevage.

Les maladies infectieuses et contagieuses

Ces termes sont bien souvent utilisés indifféremment pour des maladies appartenant à une même catégorie, bien qu'en réalité ils ne soient pas interchangeables. Une maladie infectieuse est une maladie au cours de laquelle l'organisme d'un animal est envahi par un organisme étranger tel qu'un virus, une bactérie, un protozoaire, un champignon ou un parasite provenant d'un autre animal infecté. Certaines de ces maladies nécessitent pour leur propagation l'intervention d'agents intermédiaires ; ainsi, chez les bovins, la theilériose (fièvre de la côte est) ne se transmet pas directement d'un animal à l'autre mais indirectement par des tiques infectées. Ce sont des maladies infectieuses au sens large. D'autres maladies infectieuses peuvent, en revanche, se transmettre sans agent intermédiaire — et sont parfois désignées sous le terme de maladies contagieuses : par exemple, dans la péripneumonie contagieuse bovine (CBPP ou PPCB), les animaux s'infectent par inhalation de gouttelettes contaminées émises par des bovins malades qui se tiennent à proximité. Les maladies contagieuses peuvent se répandre par transmission directe, à la manière de la péripneumonie contagieuse bovine déjà citée, ou indirectement, l'organisme infectieux étant à même de survivre en dehors de l'animal et de provenir de l'environnement : ainsi les spores des champignons responsables de la teigne, une maladie cutanée, sont-elles capables de survivre dans le milieu extérieur et de constituer une source d'infection pour des animaux sensibles.

Certaines maladies particulièrement graves donnent lieu à une réglementation sanitaire qui varie selon le pays. Il est impératif de vous conformer à cette réglementation. Beaucoup de ces maladies sont classées dans les listes A, B et C de l'OIE (voir annexe, p. 220).

Les agents contagieux peuvent se propager d'un animal infecté à des individus sains selon différentes modalités, qu'il est fondamental de bien connaître pour pouvoir prévenir les infections. Les principaux modes de transmission sont précisés ci-dessous.

▌▶ L'ingestion

Dans certains cas, les animaux infectés rejettent des agents pathogènes dans le milieu extérieur. Les animaux sensibles sont alors susceptibles de s'infecter à leur tour en ingérant des aliments ou de l'eau contaminée par ces émissions. Il s'agit là d'un mode de contamination de première importance pour beaucoup d'organismes infectieux. Il apparaît clairement, dans ce contexte, que la probabilité que des animaux sensibles s'infectent de cette manière s'accroît avec les capacités de survie des organismes infectieux dans le milieu extérieur.

Un exemple : la fièvre aphteuse.
Une des raisons pour lesquelles cette maladie se propage aussi rapidement est que les animaux atteints laissent échapper de grandes quantités du virus infectieux dans la salive, le lait, les fèces, le sperme, l'urine et l'air exhalé — virus qui peut survivre plusieurs mois dans le milieu extérieur (figures 1.1 et 1.2).

Figure 1.1.
La salive de ce bovin atteint
de fièvre aphteuse contient
de grandes quantités
de virus infectieux
(cliché Gourreau J.M.).

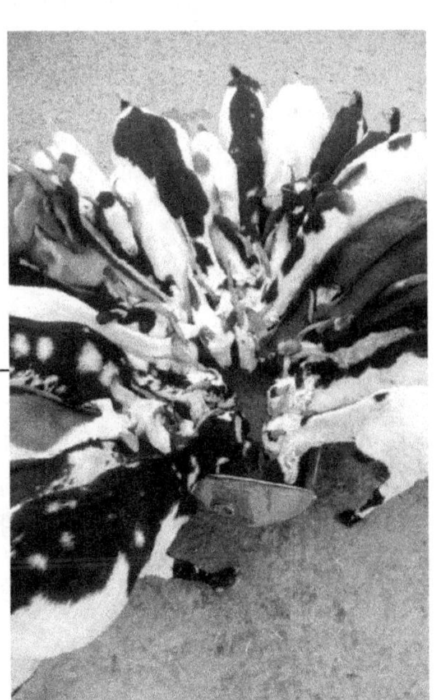

Figure 1.2.
Les animaux peuvent
s'infecter en consommant
l'eau d'abreuvoirs communs
contaminée par un animal
malade tel que l'animal visible
sur la figure 1.1 (cliché Faye B.).

▮▮ L'inhalation

Les animaux peuvent s'infecter par inhalation d'organismes infectieux
rejetés dans l'atmosphère par des animaux malades.

**Quelques exemples : la fièvre aphteuse et la péripneumonie contagieuse
bovine.**
Le virus de la fièvre aphteuse étant capable de survivre longtemps dans l'environnement, il peut être transporté par le vent sur des distances importantes et infecter par contamination de l'air des animaux sensibles se
trouvant à plusieurs kilomètres.

Dans le cas de la péripneumonie contagieuse bovine — une importante maladie respiratoire des bovins —, les animaux sensibles peuvent, comme dans l'exemple précédent, s'infecter en inhalant des gouttelettes émises par les animaux malades et contenant l'agent pathogène responsable. Toutefois, contrairement à la fièvre aphteuse, l'agent causal ne survit que quelques heures dans le milieu extérieur et l'infection ne peut survenir qu'à la faveur d'un contact étroit entre les animaux sains et les individus atteints.

▌ Le contact cutané

Certains organismes sont susceptibles d'infecter un animal par la peau, le plus souvent par contamination de lésions telles que des coupures, des abrasions, etc.

Un exemple : le farcin des bovins.
Le farcin des bovins est une maladie chronique du bétail qui provoque des lésions sous la peau. L'infection intervient le plus souvent par contamination de blessures cutanées produites par des morsures de tiques, des plantes épineuses, etc. L'agent causal est parfois présent dans le sol, bien que la source d'infection soit plus fréquemment des bovins infectés. Voir aussi la rage (chapitre 1, volume 2).

▌ Les infections par vecteurs passifs

Tout élément inanimé susceptible de transmettre des organismes infectieux, tel que la litière, les véhicules, les harnais, etc., constitue un vecteur passif (vecteur vient du latin *vector,* de *vehere,* transporter).

Un exemple : les varioles du mouton (clavelée) et de la chèvre.
Les virus responsables de ces maladies graves de la peau sont capables de survivre plusieurs mois dans l'environnement. Les animaux s'infectent probablement en se frottant contre des vecteurs passifs contaminés tels que les murs d'une bergerie, des clôtures, etc.

Les maladies infectieuses congénitales et vénériennes

Les infections vénériennes sont transmises à la faveur du coït (accouplement). Dans la plupart des cas, l'organisme responsable se transmet aussi bien du mâle à la femelle qu'inversement. Les infections congénitales existent dès la naissance. Beaucoup se transmettent de la mère à sa progéniture pendant la gestation.

Un exemple : la dourine.
Cette maladie des équidés, due à un protozoaire, *Trypanosoma equiperdum,* est transmise par le coït. Elle est typiquement vénérienne.

Un autre exemple : la peste porcine classique.
Chez les truies gravides, le virus responsable de cette maladie congénitale est capable de traverser le placenta et d'infecter les jeunes, qui peuvent avorter spontanément ou bien naître vivants mais déformés et affectés de tremblements. Ce mode de transmission est parfois nommé transmission (ou propagation, ou contagion) verticale.

Les arthropodes

Il existe des milliers d'espèces d'arthropodes dans la nature, parmi lesquelles on trouve des mouches, des moucherons, des moustiques, des poux, des puces, des punaises, des tiques et d'autres acariens. Beaucoup parasitent la peau des animaux domestiques ; certaines ne représentent guère plus qu'une gêne, mais d'autres sont susceptibles de provoquer des irritations intenses et des lésions cutanées graves. Les mouches qui pondent sur les animaux font partie d'un groupe important de ces arthropodes (figure 1.3). Les larves de ces mouches, les asticots, peuvent, après leur éclosion, pénétrer dans la peau, les blessures ou les orifices naturels. L'invasion des tissus qui en résulte, appelée myiase, peut se révéler extrêmement pénible pour les animaux atteints, voire entraîner leur mort (figure 1.4).

Certains arthropodes parasites externes sont hématophages : dotés de pièces buccales en forme de stylet, ils sont capables de percer la peau et d'aspirer du sang pour se nourrir. Du fait de ce comportement alimentaire particulier, ils peuvent transmettre d'un animal à un autre toute une gamme de micro-organismes infectieux (voir le chapitre 2).

Bien que la détection de certains acariens — tels que les petits arthropodes qui s'enfoncent dans la peau en produisant la gale — exige de recourir à un microscope, la plupart des arthropodes sont visibles à l'œil nu. Pour plus d'informations sur les arthropodes, se reporter au chapitre 3 du volume 2.

Les maladies transmises par les arthropodes

Un grand nombre de maladies infectieuses sont transmises d'un animal à l'autre par des arthropodes piqueurs, qui sont susceptibles de se contaminer en prenant un repas de sang sur un individu infecté et de transférer l'agent pathogène à d'autres individus lors des repas suivants.

Ces arthropodes deviennent alors le véhicule, ou vecteur, par lequel la maladie se propage. Il est fréquent que l'agent infectieux se multiplie à l'intérieur du vecteur, qui reste alors infectant pendant une période prolongée. Une transmission « mécanique » est également possible (voir le chapitre 2) lorsqu'un insecte hématophage dont le repas sur un animal a été interrompu transfère du sang de ce dernier directement au prochain individu piqué.

Les agents infectieux transmis par des arthropodes comprennent des virus, des rickettsies, des protozoaires et des helminthes. Ainsi de petites espèces piqueuses nocturnes de moucherons *Culicoides* sont-elles responsables de la transmission du virus de la peste équine africaine. Les trypanosomoses, la cowdriose et la fièvre catarrhale du mouton sont transmises par des arthropodes.

Figure 1.3.
La mouche lucilie africaine
(*Chrysomya bezziana*) pond ses œufs
dans les blessures des animaux,
où ses larves éclosent (cliché CTVM).

Figure 1.4.
Un cas de myiase
provoquée par les larves
de la lucilie bouchère
(cliché CTVM).

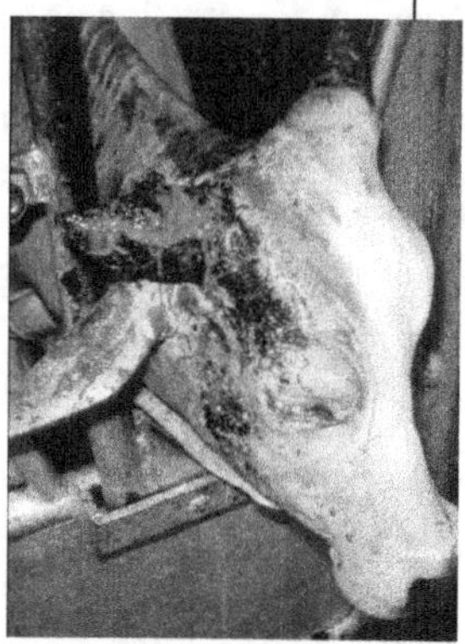

Les helminthoses,
maladies causées par des vers

Partout dans les régions intertropicales, les helminthes (vers plats, vers ronds et acanthocéphales) parasites d'animaux sont une cause importante de maladies et de perte de productivité. Toutes les espèces domestiques peuvent être la proie de différents types de vers, qui varient par l'éventail des hôtes qu'ils peuvent infecter, par leur cycle de vie et par leur virulence. Les plus visibles sont sans doute ceux qui s'installent dans l'estomac et les intestins, mais il en existe également qui attaquent d'autres parties de l'organisme telles que les poumons ou le foie.

Les maladies liées aux facteurs
environnementaux ou aux conditions d'élevage

Un certain nombre de maladies importantes ont une cause environnementale ou résultent de la conduite de l'élevage. Elles regroupent certaines maladies infectieuses, des troubles métaboliques, des carences et des déséquilibres alimentaires, des empoisonnements et toute une gamme d'affections variées.

Les maladies infectieuses

Certaines maladies infectieuses sont provoquées par des facteurs liés à l'environnement ou aux pratiques d'élevage. Il est essentiel de bien appréhender ces facteurs, dits prédisposants, lors de la conception de programmes de lutte contre les maladies.

Un exemple : la mammite dans les troupeaux laitiers modernes.
La mammite est relativement peu fréquente lorsque les mères allaitent leurs veaux de manière naturelle (figure 1.5), mais elle devient problématique dans les systèmes à haute productivité dans lesquels la traite est mécanisée. La traite mécanisée, lorsqu'elle n'est pas effectuée dans le respect des règles et dans des conditions d'hygiène strictes, peut entraîner des infections bactériennes des mamelles, ainsi que des mammites. Il ressort ainsi que le facteur prédisposant des mammites est généralement à rechercher dans des modalités de traite qui laisseraient à désirer.

Un exemple : les toxémies par clostridies.
Les toxémies par clostridies, au cours desquelles les animaux sont intoxiqués par les toxines produites par des bactéries clostridies, forment une catégorie importante de maladies infectieuses qui sont déclenchées par des

facteurs liés à l'environnement ou aux conditions d'élevage. Ces bactéries sont largement répandues dans la nature et peuvent être présentes dans la terre, la matière organique et également, de façon naturelle, dans les intestins des animaux domestiques. Si les infections mettant en jeu ces organismes sont le plus souvent sans conséquences, certains facteurs prédisposants sont susceptibles d'entraîner la multiplication rapide de l'agent pathogène et la production de grandes quantités de toxines pouvant provoquer l'empoisonnement de l'animal hôte. Les deux principaux facteurs de prédisposition sont une amélioration brutale de l'alimentation et des lésions tissulaires. Le tétanos constitue un bon exemple de ce second groupe : l'organisme responsable, *Clostridium tetani,* se fixe et se multiplie dans des coupures et des blessures contaminées en émettant une toxine qui attaque le système nerveux.

Figure 1.5. Cette vache zébu de race indigène en Ouganda qui allaite son veau a peu de chances de présenter une mammite ou une fièvre de lait (cliché Faye B.).

◗ Les troubles métaboliques

Ces problèmes sont bien souvent liés à des systèmes d'élevage intensifs et peuvent être considérés comme des maladies « modernes » et « artificielles », communément associées à l'élevage industriel dans les pays développés tels que les Etats-Unis et l'Europe de l'Ouest. Il reste que ces maladies, parfois appelées « maladies de la production ou maladies de l'intensification », peuvent apparaître partout où l'élevage intensif est pratiqué, lorsqu'il existe un déséquilibre entre l'apport alimentaire et le niveau de production.

Un exemple : la fièvre de lait.

Toutes les vaches, au moment de la mise bas et de la montée de lait, présentent une diminution du calcium sanguin (hypocalcémie). Chez les vaches laitières très productives, cette chute peut être excessive et entraîner une fièvre de lait, dont l'issue est souvent fatale si un traitement n'est pas administré dans les plus brefs délais. La fièvre de lait est pratiquement inconnue dans les troupeaux pâturant sur parcours extensifs, où les veaux restent sous la mère (figure 1.5).

Les carences et les déséquilibres alimentaires

Chez l'animal, une mauvaise santé est souvent due à des carences ou à des déséquilibres dans son alimentation. Il n'en résulte parfois de maladie qu'en présence d'un autre facteur : un régime pauvre en phosphore peut n'avoir d'écho sur la santé que chez les bêtes gravides ou allaitantes et rester sans conséquences chez les autres individus. Dans ce cas précis, la maladie nécessite, pour se déclencher, l'association d'une carence en phosphore et de la gestation/lactation de l'animal.

On admet souvent que les carences alimentaires (malnutrition par sous-alimentation) constituent la plus importante des maladies dont souffrent les animaux domestiques dans les régions intertropicales. Quoi qu'il en soit, il convient de reconnaître que les bêtes qui souffrent de malnutrition sont plus sensibles aux maladies que les animaux correctement nourris et sont de ce fait plus susceptibles que les autres d'être atteintes de plusieurs maladies simultanément. Il arrive que le diagnostic en soit rendu difficile ; un animal en mauvais état peut héberger de nombreux parasites internes pour lesquels il sera traité, et si son état ne s'améliore pas de manière satisfaisante, la parasitose apparaîtra comme le résultat d'un problème général de malnutrition.

Les empoisonnements et les intoxications

Les maladies causées par des empoisonnements comptent parmi les plus difficiles à diagnostiquer, étant donné les difficultés techniques que présentent la détection et l'identification des substances toxiques mises en jeu. De manière générale, il existe deux grandes catégories de substances toxiques : les toxines, qui sont élaborées par des organismes vivants tels que des plantes ou des micro-organismes, et les poisons, qui proviennent de sources artificielles non biologiques et comprennent les substances chimiques dites « de synthèse ». Un venin est une toxine liquide que certains animaux peuvent injecter dans la circulation sanguine par piqûre ou morsure. Les termes poison et toxine sont néanmoins souvent utilisés de manière approximative, comme s'ils étaient parfaitement interchangeables. Les principales sources d'empoisonnement et d'intoxication chez les animaux domestiques sont les plantes, certains aliments, les aliments moisis et les diverses substances chimiques de synthèse utilisées sur les exploitations agricoles.

Les plantes toxiques, ou plantes vénéneuses

Des centaines d'espèces de plantes vénéneuses peuvent être trouvées dans les parcours. Si elles sont normalement et heureusement délaissées par les animaux qui pâturent, il peut arriver, dans certaines conditions, qu'elles soient consommées — par exemple en période de sécheresse, lorsque l'herbe se fait rare. Bien que les empoisonnements par ingestion de plantes toxiques constituent une cause fréquente de maladie et de décès dans les pays tropicaux, les végétaux impliqués sont bien souvent peu connus. Quelques-unes des espèces toxiques de première importance sont brièvement décrites dans le volume 2, mais il est clair que leur inventaire détaillé nécessiterait à lui seul un ouvrage entier.

Les insecticides et les acaricides

Les substances chimiques — telles que les produits pour bains parasiticides — utilisées pour lutter contre les arthropodes parasitant la peau des animaux domestiques (tiques, puces, mouches, etc.) constituent une cause majeure d'empoisonnement. Ces substances sont bien connues, et un certain nombre d'entre elles, d'emploi fréquent, sont brièvement décrites dans le volume 2.

Le botulisme

Le botulisme est une intoxication qui peut se révéler une cause importante de maladie et de décès des animaux domestiques dans les régions intertropicales. Il se produit à la suite de l'ingestion d'aliments ou d'eau contaminés par une toxine particulière émise par la bactérie *Clostridium botulinum*.

Les caractères héréditaires

Les maladies héréditaires, ou maladies génétiques

Les maladies héréditaires, qui ne sont pas couvertes par le volume 2, émanent directement du patrimoine génétique d'un animal (son génotype) et ne doivent pas être confondues avec les infections congénitales. Ces dernières se manifestent dès la naissance et ne sont pas

nécessairement héritées. Très sommairement, le génotype d'un individu est contenu dans les chromosomes ; il est constitué de paires de gènes dont l'un des éléments provient du père et l'autre de la mère. Pour plus d'informations, le lecteur est invité à se reporter à l'ouvrage *Principes d'amélioration génétique des animaux domestiques*, de F. Minvielle (1990). La transmission de gènes produisant des caractères nocifs ou liés à des maladies est en grande partie freinée par les processus évolutifs, sauf lorsque l'expression de ces gènes délétères est masquée par l'autre élément, normal, de la paire. Dans ce cas, ces gènes sont dits récessifs et leurs effets n'apparaissent que lorsqu'ils sont appariés à un gène identique. Il arrive malheureusement que les effets de certaines paires de gènes récessifs entraînent des anomalies physiques ou métaboliques (figures 1.6 et 1.7) ; les deux parents doivent alors être tous deux porteurs du gène en question bien qu'eux-mêmes puissent ne pas être affectés. Ces troubles héréditaires liés à des gènes récessifs restent rares. Chez certaines races de bovins et de petits ruminants, par exemple, le goitre (hypertrophie de la thyroïde) peut ainsi être causé par des gènes récessifs (un goitre peut toutefois avoir d'autres origines).

Figure 1.6 .
Un veau atteint d'hydrocéphalie,
une maladie héréditaire peu
commune dans laquelle
un dysfonctionnement de
la circulation au niveau du système
nerveux central entraîne
une accumulation de liquide
dans le cerveau (cliché Hunter A.).

Figure 1.7.
Un veau à 6 pattes,
une autre maladie héréditaire
rare (cliché Meyer C.).

▌ Les résistances héréditaires à certaines maladies

La faculté héréditaire que présentent certaines races de mieux résister que d'autres aux maladies constitue un aspect d'importance bien plus grande que les diverses anomalies physiques ou métaboliques d'origine génétique. Un bon exemple en est la capacité reconnue de certaines races de taurins d'Afrique de l'Ouest, telles que les races N'Dama, Baoulé et Muturu (figure 1.8) de résister à la trypanosomose transmise par les mouches tsé-tsé, tandis que pratiquement toutes les autres races de bovins y sont sensibles (figure 1.9). Presque partout dans les régions inter-tropicales, il existe des populations locales de bovins bien connues pour leur résistance aux tiques et aux maladies transmises par ces arthro-podes, supérieure à celle dont font preuve les races européennes par exemple — une caractéristique qui est désormais mise à profit dans les programmes d'amélioration du bétail.

Figure 1.8.
Des taurins N'Dama en Côte d'Ivoire,
une race tolérante à la trypanosomose
transmise par les mouches tsé-tsé
(cliché Meyer C.).

Figure 1.9.
Bovins croisés Bruns en république
démocratique du Congo, dont le mauvais état
corporel est causé par la trypanosomose
transmise par les mouches tsé-tsé
(cliché Meyer C.).

Les types de maladie

Lorsqu'il s'agit de décrire les maladies et leur évolution, un certain nombre de termes techniques reviennent régulièrement. Une sélection des expressions les plus fréquemment employées sont explicitées ci-dessous, telles qu'elles sont employées dans le volume 2.

▮ Les maladies aiguës et chroniques

La plupart des maladies présentent un mode de développement type comprenant une séquence d'événements qui composent le tableau de la maladie. Ainsi qualifie-t-on d'aiguë une maladie dont l'évolution est rapide, et de chronique une maladie dont le développement se déroule sur une période prolongée. Savoir si une affection est de caractère aigu ou chronique est souvent utile pour faciliter le diagnostic. Les maladies aiguës peuvent avoir une évolution extrêmement rapide (maladies suraiguës) ou plus lente (maladies subaiguës).

> **Quelques exemples : le charbon, la peste bovine et la trypanosomose.**
> Le charbon est une infection bactérienne fulgurante, généralement fatale, qui atteint les animaux domestiques. La maladie peut être si brutale que les animaux infectés sont retrouvés morts avant même l'apparition des signes cliniques. Cette forme particulière de charbon pourrait être qualifiée de suraiguë.
> La peste bovine est une maladie virale contagieuse dont l'issue est très souvent fatale et qui atteint en particulier les bovins. Bien que cette maladie connaisse à l'occasion une évolution particulièrement rapide (forme suraiguë), les animaux décédant dans les quelques jours suivant l'apparition des symptômes, elle adopte plus généralement une forme aiguë dans le cadre de laquelle les symptômes se manifestent pendant une à deux semaines avant l'issue fatale.
> En revanche, la trypanosomose — une maladie de première importance dans les régions intertropicales, due à un parasite du sang — suit le plus souvent un développement de type chronique et affecte les animaux pendant des mois, voire des années.

▮ Les infections subcliniques

Le fait connu selon lequel des animaux sont capables d'héberger des organismes potentiellement nocifs sans pour autant présenter de signes manifestes, ou alors seulement des symptômes très légers, de la maladie constitue un concept souvent difficile à saisir. Ainsi, dans le monde entier, les animaux au pâturage hébergent-ils des helminthes dans leur estomac et leurs intestins, et ne deviennent malades que lorsque la charge parasitaire atteint des niveaux excessifs. La présence de vers à des niveaux peu importants est tout à fait naturelle et ne doit provoquer aucune inquiétude tant que les animaux ne sont pas soumis à des conditions pouvant susciter une augmentation excessive de la charge parasitaire.

Certaines infections du sang transmises par des tiques, comme les anaplasmoses, les babésioses et les theilérioses, en constituent d'autres exemples parlants. Dans la plupart des régions tropicales et subtropicales, les animaux peuvent être infectés à un jeune âge et le rester toute leur vie sans en ressentir d'effets indésirables. Ces infections peuvent donc passer inaperçues. Il est crucial de bien être conscient du caractère répandu de ces infections subcliniques, ou infracliniques, dans la mesure où des animaux introduits, étrangers à ces régions, y sont généralement sensibles et sont susceptibles de tomber gravement malades s'ils sont la proie des mêmes tiques que les animaux autochtones.

L'identification des différents types de maladie

L'identification des différents types de maladie, ou diagnostic, requiert une grande compétence et une solide formation. Un étudiant en médecine vétérinaire passe de nombreuses années à acquérir les connaissances et le savoir-faire nécessaires pour y parvenir. Il est donc irréaliste d'exiger d'un personnel non spécialisé, des agriculteurs ou de toute personne travaillant au contact des animaux d'élevage de savoir diagnostiquer les maladies autres que celles qui sont communes et bien connues. Il reste toutefois qu'une bonne partie du diagnostic relève du simple bon sens. Dans certains cas, en effet, le personnel technique peut être amené à tenter un diagnostic afin de prendre des mesures immédiates en attendant la visite du vétérinaire diplômé. Il est alors nécessaire de commencer par cerner le type de maladie responsable de l'événement sanitaire, d'où les grands traits caractéristiques récapitulés ci-dessous.

Maladies infectieuses et contagieuses ; maladies transmises par des arthropodes ; helminthoses :
– plusieurs animaux sont atteints ;
– des animaux de classes d'âge et de sexes différents peuvent être atteints ;
– les maladies transmises par des arthropodes et les helminthoses sont souvent saisonnières.

Infections vénériennes :
– limitées aux individus reproducteurs.

Infections congénitales :
– les symptômes sont généralement visibles à la naissance ou apparaissent peu de temps après.

Maladies héréditaires :
– malformations physiques ou anomalies métaboliques visibles à la naissance ;
– globalement rares.

Maladies liées à l'environnement ou à des problèmes de conduite d'élevage :
– le plus souvent limitées à des animaux dans des conditions particulières d'élevage ou d'exploitation.

Empoisonnements :
– les empoisonnements accidentels surviennent le plus souvent de manière isolée ;
– les intoxications dues à l'ingestion de végétaux toxiques surviennent fréquemment à la suite d'une modification du mode de pâturage ; par la diminution de la quantité disponible de nourriture habituelle, un tel changement peut pousser les animaux à consommer des plantes qui sont délaissées en temps normal, par exemple en période de sécheresse ou dans un parcours surpâturé.

N.B. : Le bref récapitulatif présenté ci-dessus ne donne que des indications d'ordre général et ne doit pas être considéré comme une clé infaillible pour le diagnostic. Les règles générales souffrent de nombreuses exceptions dans le monde vivant, et cela vaut également pour les maladies... qui ne sont somme toute que des accidents de la nature.

2. Les arthropodes et les helminthes

Les arthropodes et les helminthes qui s'attaquent aux animaux domestiques sont généralement définis comme des parasites. Un parasite est, en principe, un organisme vivant à l'intérieur ou à la surface d'un autre organisme, aux dépens de celui-ci mais souvent sans le tuer. Beaucoup de micro-organismes (voir le chapitre 3) pourraient répondre à cette définition. Toutefois, dans la pratique, seuls les arthropodes, les helminthes, les champignons et les protozoaires (les micro-organismes les plus complexes) sont considérés comme des parasites (soit endo soit ectoparasites).

Les arthropodes

Comme leur nom l'indique, les arthropodes, également appelés articulés, sont des organismes pourvus de pattes articulées. Ils présentent un squelette externe chitineux et une croissance entrecoupée de mues. Les espèces qui intéressent la médecine vétérinaire se répartissent en deux groupes : les insectes et les acariens.

▌▶ Les insectes

Les insectes — mouches, moustiques, moucherons, poux, tiques, etc. — présentent typiquement un corps divisé en trois parties : une tête pourvue de deux antennes, d'yeux plus ou moins complexes et de pièces buccales, un thorax portant trois paires de pattes et un abdomen. Beaucoup possèdent également des ailes (le plus souvent deux paires) et peuvent voler.

Les insectes diptères (à une seule paire d'ailes) d'importance médicale comprennent les groupes des mouches, des moucherons et des moustiques et sont tous visibles à l'œil nu, bien que de tailles très différentes. On trouve parmi les plus petits, dénommés moucherons, les simulies (*Simulium* spp.), qui sont de petites espèces de 1,5 à 5 mm de longueur, noires ou rougeâtres, pourvues de gros yeux et d'antennes courtes, qui attaquent parfois les animaux en grand nombre dans les marécages et aux bords des rivières causant des piqûres douloureuses et une certaine perte de sang (voir le chapitre 3, volume 2). Parmi les plus grands, les tabanidés (les taons et les espèces assimilées), avec leur vol puissant et rapide, sont les « gros porteurs » du monde des diptères et peuvent atteindre 25 mm de longueur. Ces mouches de grande taille peuvent infliger des piqûres profondes et douloureuses, et leur comportement de suceuses de sang en fait des vecteurs efficaces pour de nombreux agents pathogènes. Quelques exemples d'espèces importantes du point de vue vétérinaire (dont les mouches tsé-tsé ou glossines, figure 2.1) sont visibles sur la figure 3.1 du volume 2. Parmi les diptères, les moustiques de la famille des culicidés revêtent une grande importance surtout pour l'homme (paludisme), mais aussi pour les animaux (par exemple le virus de West Nile).

Parmi les hémiptères, il convient de signaler les triatomes, hématophages, qui sont des réduves (punaises-mouches) d'Amérique du Sud et centrale, et transmettent la maladie de Chagas, une trypanosomose de l'homme dont les animaux sont des réservoirs.

Contrairement aux diptères et aux hémiptères, les poux (ou phtiraptères) sont dépourvus d'ailes et sont de vrais parasites, dans la mesure où leur vie se déroule entièrement sur la peau de leur hôte et où ils sont incapables de survivre beaucoup plus d'une journée privés de son contact. Ils sont aplatis dorso-ventralement et, bien plus petits en taille que les mouches, mesurent entre 1 et 5 mm environ. Les poux broyeurs vivent en consommant des fragments de peau desquamée, des croûtes et la surface externe des poils, de la laine et des plumes. Les poux piqueurs ou suceurs, contrairement aux poux broyeurs, ne parasitent que des mammifères et présentent des pièces buccales capables de percer la peau et de prendre le sang. Dans certaines conditions, les poux peuvent se multiplier considérablement et provoquer d'intenses irritations ainsi que, dans le cas des poux piqueurs, des pertes de sang. On parle alors de pédiculose ou de phtiriose.

Les puces (ou siphonaptères) sont elles aussi dépourvues d'ailes mais, contrairement aux poux, passent l'essentiel de leur vie hors du contact direct de leurs hôtes. Elles sont aplaties latéralement et possèdent des pattes arrière puissantes qui en font des sauteurs hors pair. Elles atteignent l'hôte en sautant lorsqu'elles ressentent le besoin de se nourrir et sont responsables d'irritations. En fonction des conditions, elles s'attaquent fréquemment aux humains, aux chats, aux chiens, aux porcs et à la volaille, et dans certaines conditions même aux ruminants et aux équidés.

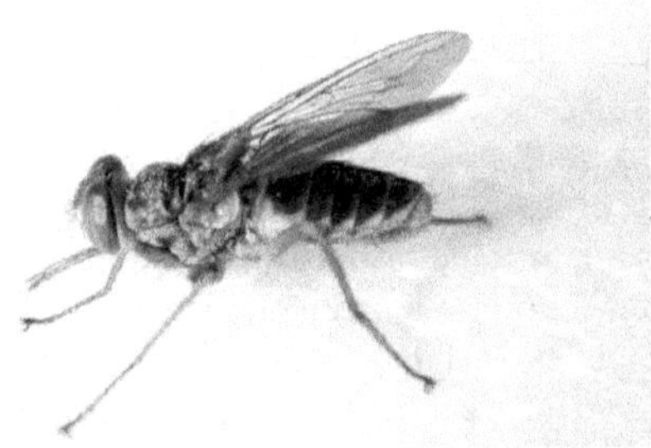

Figure 2.1.
Une mouche tsé-tsé,
Glossina fuscipes, vecteur possible
de trypanosomose
(cliché Meyer C.).

▉ Les acariens

Les acariens, tiques et acariens des gales, ou Acari, dépourvus d'ailes, ne présentent pas les divisions clairement visibles du corps que l'on trouve chez les insectes. Leur partie antérieure, petite, comporte les pièces buccales ; leur partie postérieure, en sac, porte les pattes (trois paires chez les larves et quatre paires chez les nymphes et les adultes). Il existe deux catégories de tiques, les tiques dures — les plus importantes — et les tiques molles.

Les tiques dures

Les tiques dures, ou ixodidés, sont de forme ovale, aplaties dorso-ventralement, et ont le dos protégé par une carapace dure appelée scutum (écusson dorsal). Après avoir pris un repas de sang, les femelles adultes se détachent de l'hôte et pondent de grandes quantités d'œufs d'où éclosent de petites larves à trois paires de pattes. Ces larves sont capables de survivre plusieurs mois dans l'environnement sans se nourrir, jusqu'à ce qu'elles parviennent à s'accrocher à un hôte et à y prendre leur premier repas de sang, après quoi elles muent pour devenir des nymphes semblables à des adultes de taille réduite. Une fois encore, les nymphes doivent absorber du sang avant d'effectuer la mue finale qui en fera des tiques adultes. Ce cycle, au cours duquel les tiques doivent se fixer sur des animaux pour y prélever du sang, fait de ces acariens des vecteurs de plusieurs maladies importantes des animaux domestiques qui sont transmises lors de la piqûre.

Les tiques sont en outre elles-mêmes pathogènes. Certaines espèces, dotées de pièces buccales particulièrement allongées, sont susceptibles de provoquer des lésions cutanées importantes. Lorsque les tiques sont présentes en grand nombre, le prélèvement continu de sang qu'elles imposent peut avoir des répercussions sur la santé des hôtes. Quelques exemples de tiques dures sont visibles sur les figures du chapitre 3, volume 2.

Du fait qu'elles doivent rester longtemps dans l'environnement en attendant le passage d'un hôte afin de s'y s'attacher, les tiques tendent à être présentes dans des milieux qui les protègent des conditions climatiques extrêmes : le plus souvent dans une végétation buissonnante ou herbacée, mais également, pour certaines espèces, des fentes dans des murs ou des bâtiments. Il est important de bien connaître les exigences des différentes espèces en termes d'habitat lorsqu'il s'agit de mettre au point des programmes de lutte contre ces acariens. Plus d'informations sur le sujet sont présentées dans le volume 2.

Les tiques molles

Contrairement aux tiques dures, les tiques molles, ou argasidés, ne possèdent pas de scutum. Elles tendent à prendre des repas plus brefs et plus rapprochés et, de ce fait, se trouvent en général à proximité de lieux très fréquentés par les animaux, tels que les aires de repos à l'ombre des arbres, les enclos, les abris, etc.

Les acariens des gales

Ce sont les arthropodes parasites les plus petits, la plupart mesurant moins de 0,3 mm de longueur et étant à peine visibles à l'œil nu. Comme les poux, beaucoup sont des parasites véritables et passent toute leur existence sur ou dans la peau de leur hôte. Ils se propagent d'un animal à l'autre par contact et, après infestation, une population d'acariens peut atteindre des niveaux pathologiques sans infestation supplémentaire en provenance d'un autre animal atteint. L'irritation de la peau et les lésions dues à la présence de ces parasites sont désignées sous le nom de gale, dont la gravité varie en fonction des espèces mises en cause (voir la figure 2.2).

Toutefois, tous les acariens ne sont pas des parasites. On trouve fréquemment dans les pâturages, partout sur la planète, des acariens oribatides, aux mouvements lents, qui peuvent transmettre aux animaux domestiques, en tant qu'hôtes intermédiaires, des vers de type ténia (cestodes anoplocéphalidés). Les œufs de ces vers, rejetés dans le milieu extérieur dans les déjections des animaux infectés, sont susceptibles

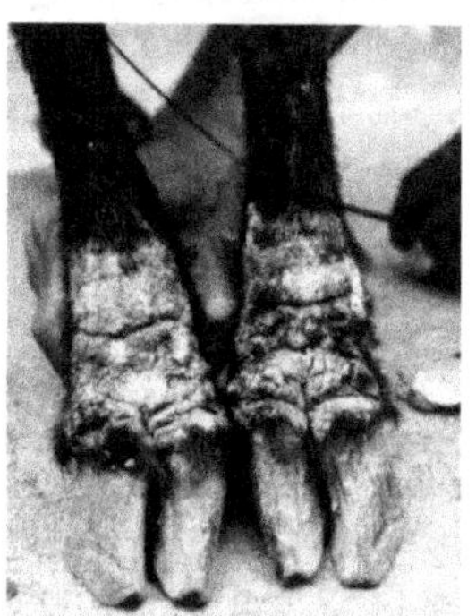

Figure 2.2.
Gale sarcoptique des pattes d'un caprin causée par le sarcopte de la gale *Sarcoptes scabiei* (cliché Watkins Gavin).

d'être ingérés par des acariens coprophages, dans l'organisme desquels les larves éclosent. Les animaux domestiques qui avalent ces acariens infectés permettent alors aux larves de cestodes de gagner l'intestin, où elles terminent leur développement.

La transmission de maladies par les arthropodes

Chez les arthropodes qui parasitent la peau des animaux domestiques, les principaux vecteurs de maladie se trouvent parmi les diptères (mouches, moucherons et moustiques) et les tiques. Dans le volume 2, par conséquent, les maladies transmises par des arthropodes sont subdivisées en deux grandes catégories correspondant chacune à l'un de ces deux types de vecteur.

Les arthropodes vecteurs peuvent transmettre des pathogènes de deux manières : par transmission mécanique ou par transmission cyclique.

▶ La transmission mécanique

Ce type de transmission intervient lorsque le vecteur opère un simple transfert de l'agent infectieux d'un animal à un autre, le plus souvent en le transportant dans ses pièces buccales, sans que l'agent pathogène continue son développement à l'intérieur du vecteur (« seringue souillée volante »). Par exemple, *Trypanosoma evansi*, un parasite du sang des animaux domestiques répandu dans les régions intertropicales, est transporté mécaniquement d'un hôte au suivant par des mouches piqueuses (taons, stomoxes...). D'autres maladies de premier plan sont propagées de cette façon par des arthropodes hématophages. Il est fondamental de bien comprendre que les vecteurs impliqués ne font ici rien de plus que de véhiculer du sang infecté et que la transmission est parfaitement possible par d'autres voies, telles que des seringues ou des bistouris de castration contaminés.

▶ La transmission cyclique

Ce mode de transmission concerne des agents pathogènes qui réalisent une partie de leur développement à l'intérieur de l'arthropode vecteur, comme dans le cas des trypanosomoses des animaux domestiques transmises par les mouches tsé-tsé en Afrique subsaharienne. Lorsqu'une mouche tsé-tsé, encore appelée glossine, prend un repas de sang sur un animal infecté et ingère des trypanosomes, ces derniers continuent à se reproduire et à se développer pour aboutir à une forme infectieuse à l'intérieur de l'insecte. La mouche est alors susceptible d'infecter d'autres animaux à la faveur de repas ultérieurs et reste infectante toute sa vie.

Dans le cadre de ce mode de transmission, les vecteurs font partie intégrante du cycle de vie des agents pathogènes — d'où l'utilisation du terme cyclique. Bien que des agents infectieux normalement transmis de manière cyclique par des vecteurs arthropodes puissent à l'occasion être transportés mécaniquement par d'autres vecteurs, cette voie alternative reste généralement d'importance mineure.

Les helminthes

Ainsi qu'il a été précisé dans le chapitre précédent, les helminthes, ou vers, qui parasitent les animaux domestiques se divisent en trois grands groupes : les vers ronds (nématodes), les vers à trompe épineuse (acanthocéphales, ou vers « à tête épineuse ») et les vers plats (plathelminthes : cestodes et trématodes).

Les vers ronds

Comme leur nom l'indique, les vers ronds, ou nématodes, sont de forme générale cylindrique (coupe transversale ronde) effilée à chaque extrémité. Ils ont un système digestif tubulaire simple avec une cavité buccale et sont de tailles très diverses : *Ascaris suum,* un ver de 20 à 40 cm parasitant l'intestin du porc, figure parmi les plus grands et, à l'opposé, parmi les plus petits, on trouve certaines espèces du genre *Trichostrongylus,* des parasites de l'estomac et des intestins de divers animaux domestiques, qui atteignent moins de 7 mm à l'âge adulte et sont à peine visibles à l'œil nu.

Bien qu'ils puissent parasiter différentes parties de l'organisme des animaux, tous les nématodes suivent un cycle de développement similaire. Les individus à sexe séparé sont mâles ou femelles, et ces dernières pondent de grandes quantités d'œufs d'où éclosent de petites larves de forme semblable aux adultes. La larve immature mue à quatre reprises, définissant cinq stades larvaires que les spécialistes nomment L1, L2, L3, L4 et L5 et dont la dernière correspond à un adulte immature. S'il existe de nombreuses variations d'une espèce à l'autre, l'ensemble des

nématodes présentent un cycle de vie dans lequel les œufs ou les larves sont évacués vers le milieu extérieur, généralement dans les fèces de l'hôte. Si les conditions le permettent, le développement se poursuit alors pour aboutir à une forme infectieuse susceptible d'infecter les animaux qui les prélèvent dans l'environnement. Ce schéma de base connaît différentes variantes qui sont esquissées ci-dessous.

Les nématodes à stade L3 infectieux

Beaucoup des principaux vers ronds de l'estomac et des intestins des animaux domestiques présentent un cycle de vie de ce type. Les œufs pondus par les femelles adultes dans l'estomac et les intestins sont évacués dans le milieu extérieur, où ils éclosent en produisant des larves de stade L1. Ces larves se développent pour aboutir, après deux mues, au stade L3, qui est le stade infectieux. Si ces larves L3 sont ingérées par un animal réceptif, elles poursuivent leur développement, dans l'estomac ou les intestins, jusqu'à devenir adultes après deux autres mues. Les différents stades de ce cycle, schématisés dans le diagramme de la figure 5.1 du volume 2, ont fait l'objet de nombreuses recherches.

Le développement en milieu extérieur des larves depuis leur éclosion jusqu'au stade L3 et la faculté de ces L3 d'y survivre suffisamment de temps pour avoir une chance raisonnable d'entrer en contact avec un hôte potentiel sont des éléments clés de ce cycle. Lorsque les conditions sont trop chaudes (plus de 26 °C), les larves éclosent et muent rapidement, mais ont une probabilité restreinte de parvenir au stade L3. Lorsque, à l'inverse, il fait trop froid (moins de 10 °C), les œufs n'éclosent pas. Le taux d'humidité revêt également une certaine importance ; on trouve les conditions optimales pour le développement et la survie des L3 infectieuses dans les pâturages des climats chauds et humides (voir la figure 2.3).

Quelques variantes concernant les nématodes à stade L3 infectieux : les strongles respiratoires, les Strongyloides et le ver du rein du porc

Dans le cycle de vie des strongles respiratoires des ruminants, ce sont les larves L1 — et non pas les œufs — qui sont évacuées dans les excréments de l'hôte. Les femelles adultes sont localisées dans les voies respiratoires de l'animal infecté et pondent des œufs qui éclosent immédiatement, libérant des larves L1 qui sont d'abord remontées par la toux, puis avalées et évacuées, dans les fèces, dans le milieu extérieur, où elles se développent selon le schéma habituel. Si elles sont ingérées, elles muent alors à l'intérieur de l'hôte puis migrent des intestins vers les voies aériennes pulmonaires en passant par le foie et les poumons. Là, elles terminent leur développement et se transforment en vers adultes.

Une autre variante est représentée par les espèces du genre *Strongyloides*, qui sont des parasites de l'intestin des animaux domestiques. Les œufs sont évacués dans les fèces de l'hôte, éclosent, et les larves se développent jusqu'au stade L3 en suivant le modèle général. Les larves L3 peuvent alors infecter d'autres hôtes ou bien poursuivre leur développement dans le milieu extérieur. L'infection peut se produire par ingestion ou par pénétration à travers la peau, auquel cas la larve migre jusqu'à l'intestin grêle en passant par la circulation sanguine, les poumons et la trachée.

Un troisième exemple de variation est apporté par le cycle de vie inhabituel de *Stephanurus dentatus,* le ver rénal du porc. Dans ce cas particulier, les œufs sont évacués avec l'urine de l'hôte dans le milieu extérieur, où les larves éclosent et se développent jusqu'au stade infec-

Figure 2.3.
Bovins au pâturage dans une région humide en Ouganda, conditions optimales pour les nématodes de l'estomac et des intestins (cliché Faye B.).

tieux L3, soit en suivant le schéma général, soit dans l'organisme d'un ver de terre ayant ingéré les œufs. L'infection peut se produire de trois manières : par ingestion de larves L3 directement prélevées dans l'environnement, par consommation de vers de terre infectés par des larves L3, ou par pénétration à travers la peau, comme dans le cas des *Strongyloides*. Après infection, les larves muent et migrent vers les tissus entourant les reins, soit par le foie, dans le cas d'une infection par ingestion, soit par la circulation sanguine, les poumons et le foie lorsque l'infection se fait par la peau. Au terme de leur développement, les vers adultes s'enferment dans une capsule et leurs œufs sont éliminés dans l'urètre, le canal par lequel l'urine transite des reins à la vessie.

Les ascaris

Ces grands nématodes blancs parasitent l'intestin grêle des animaux domestiques (voir la figure 2.4). L'infection peut intervenir de différentes manières, dont la plus fréquente est l'ingestion d'œufs à coque épaisse, contenant les larves au stade L2, qui sont évacués dans les fèces des animaux infectés. La coque est très résistante aux températures extrêmes et les œufs sont capables de rester plusieurs années dans l'environnement tout en demeurant viables, protégeant la larve infectieuse L2 logée à l'intérieur. Après ingestion, les œufs éclosent dans l'intestin grêle et libèrent les L2 qui muent et migrent par le foie, la circulation sanguine, les poumons et la trachée pour revenir à l'intestin grêle, où elles terminent leur développement et deviennent adultes. Au cours de leur migration, les larves sont susceptibles d'infliger des lésions aux tissus, donnant naissance à des cicatrices telles que les « taches de lait » du foie (voir la figure 2.5). Les œufs de certaines espèces peuvent être ingérés par des « hôtes transporteurs » dans lesquels ils éclosent en libérant des larves L2 infectieuses : ainsi, les œufs d'*Ascaris suum* peuvent être ingérés par des vers de terre ou des coléoptères coprophages, puis infecter les porcs qui consomment à leur tour ces hôtes intermédiaires.

Les infections à ascaris sont fréquentes, mais d'importance clinique faible ou négligeable chez les animaux adultes ; les larves peuvent être présentes dans les tissus à l'état dormant. Toutefois, au cours de la gestation, ces larves redeviennent actives et sont alors en mesure d'infecter le jeune *in utero,* ou encore de migrer vers les glandes mammaires et d'infecter le nouveau-né par le lait maternel. Les jeunes veaux peuvent ainsi contracter le parasite *Toxocara vitulorum* par ces deux voies, et tout particulièrement par la seconde.

Les vers à trompe épineuse

Une seule espèce de vers à trompe épineuse (acanthocéphales ou macracanthocéphales) présente un intérêt vétérinaire : *Macracanthorhynchus hirudinaceus,* un parasite de l'intestin grêle du porc. L'espèce est de grande taille, puisque les femelles atteignent 65 cm de longueur. Les œufs, évacués dans les excréments de l'hôte, sont très résistants aux extrêmes climatiques et sont capables de survivre plusieurs années dans l'environnement. S'ils sont ingérés par des larves de coléoptères (hanneton et coléoptères coprophages), ils se développent jusqu'au stade infectieux et infectent les porcs qui consomment ces insectes à l'état larvaire ou adulte.

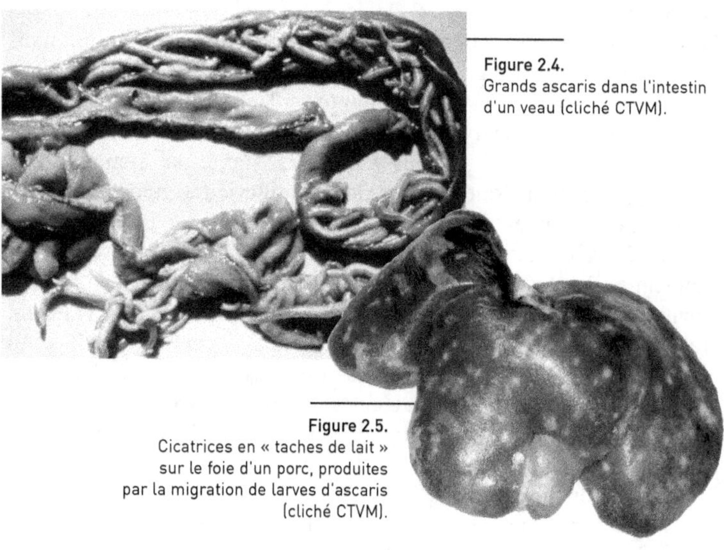

Figure 2.4.
Grands ascaris dans l'intestin d'un veau (cliché CTVM).

Figure 2.5.
Cicatrices en « taches de lait » sur le foie d'un porc, produites par la migration de larves d'ascaris (cliché CTVM).

Les vers plats

Ce groupe comprend les cestodes, dont les ténias, et les trématodes, dont les douves.

Les ténias

A l'état adulte, les ténias sont des parasites des intestins (une espèce parasitant les ruminants, toutefois, *Stilesia hepatica,* se loge dans les canaux biliaires). Ils présentent une tête, appelée scolex, qui se fixe à la paroi des intestins par des ventouses et parfois des crochets. La partie arrière du scolex, rétrécie (le « cou »), donne naissance à des segments (les proglottis) et le ténia se développe en longueur, le corps aplati comme un ruban, en formant une succession de segments dont les plus anciens, situés du côté de la queue, sont plus grands que ceux récemment apparus au niveau du scolex. Chaque segment est hermaphrodite ; il comporte à la fois des organes génitaux mâles et femelles. L'utérus de chacun d'eux se remplit d'œufs au fur et à mesure de son développement, puis, à maturité complète, les segments se détachent et sont éliminés avec les excréments de l'hôte dans le milieu extérieur, où les œufs sont libérés. Afin de pouvoir poursuivre leur développement, les œufs doivent être ingérés par un hôte intermédiaire. Les larves y éclosent et finissent par prendre une forme larvaire particulière munie d'un scolex immature, enkystée dans la cavité générale. Lorsque l'hôte intermédiaire est ingéré par l'hôte définitif (ruminants, équidés, chien, homme), le kyste s'ouvre et libère le scolex immature, qui se fixe à la paroi de l'intestin du nouvel hôte. Les hôtes intermédiaires et définitifs de différents ténias sont détaillés dans le tableau 2.1.

Comme on peut le voir dans ce tableau, les ténias adultes présentent des tailles très variées. Les types d'hôtes définitifs et intermédiaires définissent deux grandes catégories de ténias : ceux dont les hôtes définitifs sont des herbivores et les hôtes intermédiaires des acariens évoluant librement dans la végétation des pâturages, et ceux dont les hôtes définitifs sont des animaux carnivores qui s'infectent en consommant la chair contaminée des hôtes intermédiaires contaminée par des kystes (voir les figures 2.6 et 2.7). Il est primordial de bien connaître les différents hôtes concernés pour pouvoir mettre au point des mesures de lutte telles que celles qui sont décrites au chapitre 5 du volume 2.

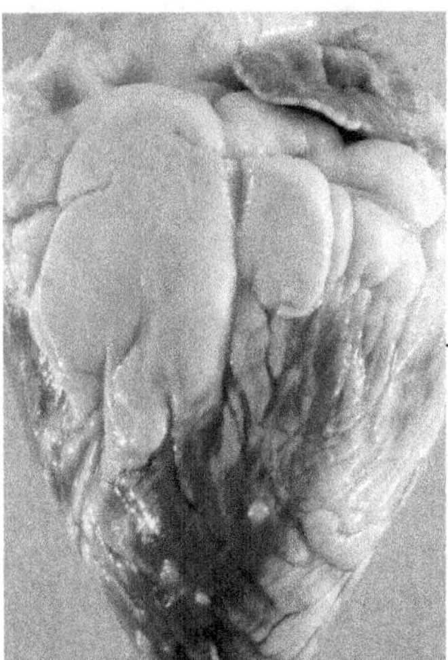

Figure 2.6.
Kystes de *Taenia saginata*
dans le muscle cardiaque d'un bovin.
Lorsqu'ils sont ingérés par des êtres
humains, ces kystes se développent
en ténias qui se fixent dans les intestins
(cliché CTVM).

Tableau 2.1. Ténias des animaux domestiques et de l'homme.

Espèce	Taille adulte	Hôtes définitifs	Hôtes intermédiaires
Anoplocephala perfoliata	20 cm	Equins	Acariens des végétaux
Anoplocephala magna	80 cm	Equins	Acariens des végétaux
Paranoplocephala mamillana	5 cm	Equins	Acariens des végétaux
Moniezia benedeni	> 2 m	Bovins	Acariens des végétaux
Moniezia expansa	> 2 m	Ruminants et grands camélidés	Acariens des végétaux
Stilesia hepatica	50 cm	Ruminants	Acariens des végétaux ?
Avitellina spp.	3 m	Ruminants et grands camélidés	Acariens des végétaux et poux ?
Echinococcus granulosus	6 mm	Chiens	Ruminants, grands camélidés et homme
Taenia multiceps	1 m	Chiens	Ruminants
Taenia saginata	> 5 m	Homme	Bovins
Taenia solium	> 5 m	Homme	Porcs

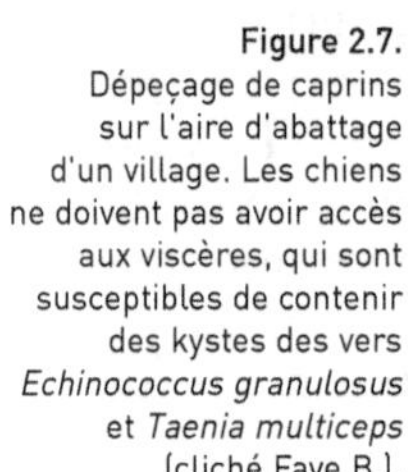

Figure 2.7. Dépeçage de caprins sur l'aire d'abattage d'un village. Les chiens ne doivent pas avoir accès aux viscères, qui sont susceptibles de contenir des kystes des vers *Echinococcus granulosus* et *Taenia multiceps* (cliché Faye B.).

Les douves

Les douves ont une forme aplatie dorso-ventralement. Les espèces intéressant la médecine vétérinaire sont des parasites des canaux biliaires, du système digestif et des vaisseaux sanguins. Tout comme les ténias, beaucoup sont hermaphrodites, et les œufs sont évacués dans les fèces ou les urines de l'hôte pour compléter leur développement à l'intérieur d'hôtes intermédiaires, en l'occurrence de plusieurs espèces d'escargots (voir le chapitre 3, volume 2).

Comme dans le cas des ténias, la conception de programmes de lutte exige que ces cycles de vie soient bien connus. Ainsi, pour ce qui est de *Fasciola hepatica*, le ver responsable de la distomatose hépatique, ou fasciolose — une maladie débilitante majeure des animaux domestiques —, il peut être possible de prévenir l'infection en déterminant les milieux fréquentés par les escargots aquatiques qui sont les hôtes intermédiaires du parasite et en empêchant les animaux réceptifs d'aller pâturer dans ces parages (voir la figure 2.8).

Figure 2.8. Dromadaire et troupeau de bovins buvant dans une mare boueuse qui peut abriter de nombreux escargots aquatiques de l'espèce *Lymnaea truncatula*, l'hôte intermédiaire de la douve du foie, *Fasciola hepatica* (cliché Faye B.).

De quelles manières les helminthes provoquent-ils des maladies ?

Bien qu'il existe de nombreux types d'helminthes et une grande diversité de cycles de vie, ces parasites affectent la santé de leurs hôtes à travers un nombre de modes d'action relativement limité.

La dégradation de l'état général par concurrence alimentaire

Beaucoup d'helminthes d'importance médicale sont des parasites de l'estomac et des intestins. Ils se nourrissent des nutriments qui transitent le long du système digestif de l'hôte et, s'ils sont présents en grand nombre, sont susceptibles de priver ce dernier de quantités significatives d'éléments nutritifs — ce qui peut induire une dégradation de son état général. Cet effet semblerait constituer l'action pathogène principale des vers ronds, ainsi que, à un degré bien moindre toutefois, des ténias.

Les diarrhées causées par des gastro-entérites

Les helminthes de l'estomac et des intestins des animaux domestiques peuvent aussi entraîner des inflammations plus ou moins importantes de la paroi de ces organes. Les diarrhées qui en découlent induisent un déficit d'absorption des nutriments, à cause de la rapidité du transit intestinal. Les nématodes sont fréquemment responsables de ce type d'affection.

Les anémies par perte de sang

Certains helminthes dits hématophages se nourrissent de sang et, s'ils sont suffisamment nombreux, sont en mesure d'en prélever des quantités telles qu'ils entraînent des anémies. Ce mode d'action concerne tout particulièrement les espèces du genre *Haemonchus,* nématodes de l'estomac des ruminants et des grands camélidés.

Les lésions tissulaires dues à la migration des larves

Les larves de beaucoup d'helminthes se déplacent à travers les tissus de leur hôte avant de parvenir à leur destination finale, où elles complètent leur développement et deviennent adultes. Ces migrations endommagent à des degrés divers les tissus traversés (voir la figure 2.9).

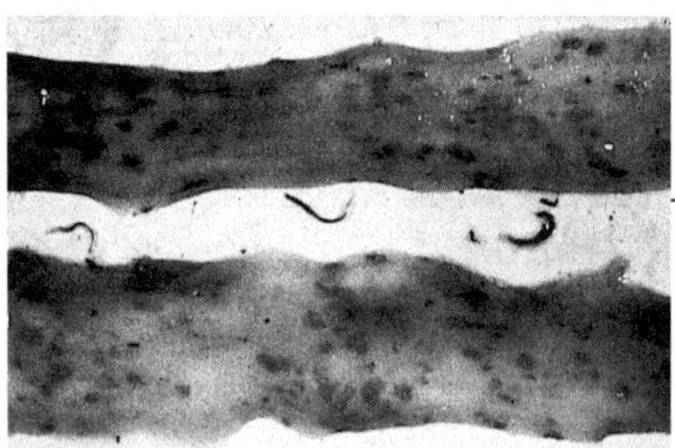

Figure 2.9.
Hémorragies et ulcération de la paroi intestinale du mouton provoquées par le nématode parasite *Bunostomum trigonocephalum* (cliché CTVM).

Le ver du rein du porc, *Stephanurus dentatus*, l'illustre de manière extrême, dans la mesure où un niveau élevé d'infestation est susceptible de causer des lésions graves du foie, voire des insuffisances hépatiques pouvant entraîner la mort.

On gardera toutefois présent à l'esprit que les lésions tissulaires infligées par les larves pendant leur migration se traduisent souvent par des signes cliniques très discrets, voire ne présentent aucun symptôme. Les dégâts occasionnés ne prennent souvent la forme que de légères cicatrices détectées dans un centre d'équarrissage, à l'abattoir ou sur le lieu d'abattage, telles que les « taches de lait » visibles sur le foie de la figure 2.5.

▮ Les réactions à la présence d'helminthes dans les tissus

Certains helminthes ne se contentent pas de parasiter l'estomac ou les intestins, et peuvent être présents dans différents tissus, y induisant divers types de réactions. Si les larves de vers *Onchocerca,* qui pénètrent sous la peau des animaux domestiques par la plaie de piqûre des mouches piqueuses, n'entraînent qu'une réaction cutanée très légère (se reporter aux « Maladies nodulaires causées par un ver » ou onchocercoses dans le volume 2), la présence de vers *Dictyocaulus* dans les voies aériennes provoque une réaction violente pouvant susciter une bronchite, voire, à la suite d'infections bactériennes secondaires, une pneumonie.

3. Les maladies infectieuses

Afin de mieux comprendre les processus par lesquels les maladies infectieuses (par définition, maladies provoquées par des microbes qui se multiplient dans l'organisme) surviennent, il est essentiel de connaître les agents qui en sont les responsables. Comme il a été vu plus haut, ces maladies peuvent se transmettre d'un animal à l'autre de différentes manières, y compris par l'intervention de vecteurs, arthropodes ou autres. Celles qui se propagent d'un individu à un autre par contacts, que ce soit directement ou indirectement, mais sans l'intervention d'un vecteur sont qualifiées aussi de contagieuses. Quel que soit le mode de transmission, les agents qui sont à l'origine de ces maladies appartiennent à plusieurs catégories de micro-organismes.

Les micro-organismes sont, comme leur nom l'indique, de taille très réduite — d'une taille telle qu'ils ne peuvent être observés sans l'aide d'un microscope. Du fait qu'ils induisent toute une gamme de désordres pathologiques dans les tissus qu'ils envahissent, ces agents sont qualifiés de pathogènes.

Il faut bien comprendre, cependant, que seule une petite partie des micro-organismes qui existent dans la nature est effectivement pathogène, et que inversement beaucoup sont indispensables à la santé des êtres humains et des animaux. Ainsi la digestion des aliments s'appuie-t-elle, en particulier chez les ruminants, sur la présence dans le système digestif de micro-organismes qui contribuent à réduire la nourriture en éléments plus simples à même d'être absorbés et assimilés par l'organisme.

Parmi les micro-organismes pathogènes, on distingue quatre groupes : les virus, les bactéries, les champignons et les protozoaires.

Les virus

Il s'agit là des agents pathogènes les plus petits et les plus simples : leur taille est si réduite qu'ils ne peuvent être observés qu'à l'aide des microscopes électroniques les plus puissants. Ils sont pour l'essentiel constitués d'acide nucléique (leur matériel génétique) protégé à l'intérieur d'une enveloppe faite de protéines, la capside. Certains virus peuvent aussi posséder une seconde enveloppe lipidique entourant la capside. Etant donné la simplicité de leur constitution, réduite le plus souvent à un simple support génétique, les virus ne peuvent se multiplier qu'en occupant les cellules vivantes d'organismes plus complexes dont ils « piratent » le métabolisme cellulaire à leur profit. Ainsi, le virus « ordonne » alors à la cellule qu'il a envahie de synthétiser de nombreuses autres copies de ce même virus. La cellule peut ou non être détruite lorsque les nouveaux virus sont libérés pour aller envahir d'autres cellules. Certains virus peuvent révéler une grande activité, et leur virulence dépend de l'importance des dégâts cellulaires qu'ils peuvent infliger aux cellules au cours de ce processus.

Il apparaît donc que les virus sont des micro-organismes obligatoirement intracellulaires ; ils investissent les cellules de tous les êtres vivants : des bactéries aux animaux en passant par les plantes, les champignons et les insectes. Les virus pathogènes qui intéressent la médecine vétérinaire sont ceux qui se multiplient dans les cellules des animaux et leur portent atteinte. Par exemple, dans le cas de la peste bovine, le virus envahit les cellules des voies digestives et respiratoires, et les dégâts qu'il y occasionne entraînent des diarrhées et des inflammations aiguës de la bouche (hypersalivation) et du nez (jetage) (voir le chapitre 1, volume 2). Cette maladie entraîne en outre la destruction de cellules qui jouent un rôle central dans les mécanismes de défense, rendant l'animal plus fragile face à d'autres organismes moins pathogènes. La fièvre aphteuse est un autre exemple de maladie virale ; elle atteint différents tissus de l'animal notamment de surface (épithéliums) dont la langue (voir la figure 3.1), la mamelle et les espaces interdigités.

Les virus sont responsables de près de 60 % des maladies infectieuses qui se déclarent chez l'homme et chez les animaux. Pourtant, en dépit de l'importance considérable de ces micro-organismes, très peu de médicaments antiviraux ont été mis au point. La difficulté réside dans l'union très étroite qui existe entre les virus et leurs cellules hôtes : toute substance inhibant la synthèse virale est souvent également nocive pour les cellules qui les hébergent. Si leur coût élevé limite dans une large mesure leur emploi, ces médicaments restent parfois utilisés en médecine vétérinaire pour les animaux de rente, par exemple pour traiter l'ecthyma contagieux.

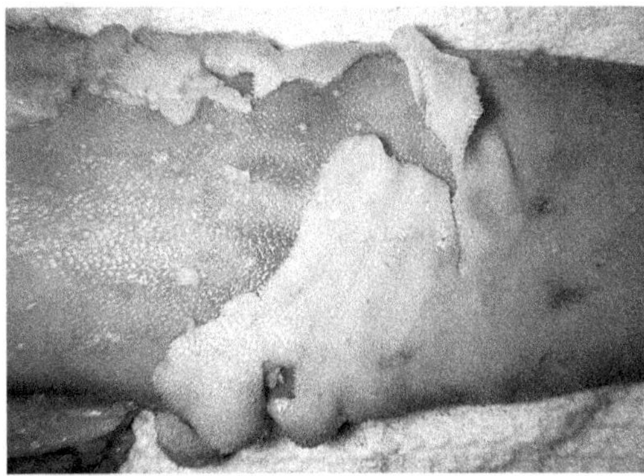

Figure 3.1.
Fièvre aphteuse.
Le virus infectieux
a détérioré la surface
de la langue,
où les vésicules
ont éclaté
(cliché Gourreau J.M.).

Les bactéries

Les bactéries sont des micro-organismes unicellulaires (constitués d'une seule cellule) dont le niveau de complexité est supérieur à celui des virus. Tout comme ces derniers, certaines bactéries peu évoluées sont des organismes intracellulaires stricts, tandis que d'autres plus autonomes se développent sans problème dans l'environnement, à l'extérieur de toute cellule vivante. Un aperçu sommaire permettra d'éclairer utilement le comportement et les effets pathogènes de ces organismes particuliers. Les bactéries se divisent en quatre grands groupes, à savoir, dans l'ordre croissant de leur taille approximative respective allant de pair avec leurs possibilités métaboliques : les chlamydies, les rickettsies, les mycoplasmes et les vraies bactéries.

Les chlamydies

Les chlamydies, ou néorickettsies, possèdent une paroi cellulaire, tout comme les vraies bactéries, mais sont dépourvues de toutes les capacités métaboliques nécessaires à leur multiplication : elles sont donc des parasites intracellulaires obligatoires, à l'instar des virus. Elles sont de forme plus ou moins sphérique (coccobacilles), de petite taille (de 0,2 à 1,5 micromètre) et présentent une affinité particulière pour les cellules épithéliales, c'est-à-dire les cellules qui tapissent les muqueuses (voir le chapitre 4). Un exemple en est *Chlamydophila abortus* (ancien *Chlamydia psittaci*) à l'origine de l'avortement enzootique de la brebis et de la chèvre, qui infecte le placenta des femelles gravides et provoque une inflammation du placenta, ou placentite, déclenchant l'avortement.

Les rickettsies

Ces organismes sont très semblables aux chlamydies et sont également des parasites intracellulaires obligatoires. Ils sont de très petite taille, de 0,2 à 1 micromètre. Certains envahissent les cellules de la paroi interne des vaisseaux sanguins (cellules endothéliales), s'y multiplient, puis s'échappent dans la circulation sanguine et se répandent partout dans l'organisme. Il peut en résulter une certaine détérioration des vaisseaux sanguins, voire une obstruction et une modification de la perméabilité. La cowdriose *(heartwater)*, causée par *Ehrlichia ruminantium* (ancien *Cowdria ruminantium*), est un exemple de ce type d'affection : les atteintes aux vaisseaux sanguins dues à l'action de ces bactéries entraînent des pertes de liquide, ou épanchements, vers différentes cavités corporelles, y compris dans le péricarde, l'enveloppe au sein de laquelle se trouve le cœur (voir la figure 3.2). Une autre rickettsie, *Anaplasma*, investit et détruit les globules rouges du sang, provoquant des anémies.

Beaucoup de maladies à rickettsies des régions tropicales, telles que l'anaplasmose, la cowdriose et l'ehrlichiose, sont transmises par des tiques.

Les mycoplasmes

Les mycoplasmes, ou PPLO *(peripneumonia like organisms)*, sont les organismes les plus petits (de 0,15 à 0,25 micromètre) et les plus simples capables de se multiplier par eux-mêmes sans avoir à envahir les cellules d'organismes plus complexes. Contrairement aux autres bactéries, ils sont dépourvus de paroi cellulaire rigide (ils sont donc plus fragiles) mais ils sont contenus dans une membrane souple qui leur permet de changer de forme (ils sont polymorphes).

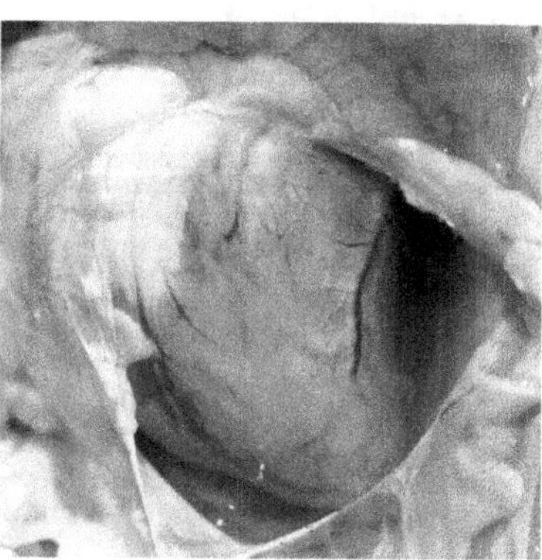

Figure 3.2.
Cowdriose. Le sac qui protège le cœur (péricarde) a été ouvert pour montrer l'excès de liquide à l'intérieur, d'où le nom anglais de *heartwater* (cliché Cirad).

Ces organismes, extracellulaires — ce en quoi ils diffèrent des virus —, sont en général moins agressifs, et des espèces inoffensives existent dans les voies digestives, respiratoires et reproductrices des animaux. Ils peuvent être cultivés *in vitro*, c'est-à-dire au laboratoire, sur des milieux acellulaires. Les espèces pathogènes tendent à présenter des affinités particulières pour certains tissus. L'agent responsable de la péripneumonie contagieuse bovine, *Mycoplasma mycoides* subsp. *mycoides*, a une prédilection toute particulière pour les organes de la région thoracique, provoquant une inflammation exsudative fibrineuse des poumons et des plèvres, membranes séreuses entourant les poumons (voir le chapitre 1, volume 2). Les infections à mycoplasmes ont souvent un caractère à la fois relativement bénin et chronique (évolution lente).

Les vraies bactéries

Les vraies bactéries, ou eubactéries, qui ont une taille comprise entre 1 et 10 micromètres, sont les plus grands des micro-organismes. Etant les plus évoluées, elles sont également les plus complexes et disposent de tous les systèmes métaboliques nécessaires à leur propre multiplication — elles ne sont donc pas obligées d'investir d'autres cellules pour y parvenir. Elles bénéficient d'une paroi cellulaire rigide dont la forme et la taille sont caractéristiques de chaque espèce. Les bactéries se divisent en trois grands groupes de formes différentes : les espèces en bâtonnets (bacilles), les espèces arrondies (coques, coccus) et les espèces de forme spiralée ou incurvée (spirochètes et vibrions). Il existe toutefois de nombreuses formes intermédiaires, telles que les coccobacilles, des bactéries en court bâtonnet arrondi. Dans la mesure où, pour leur multiplication, leurs besoins sont moins spécifiques que ceux des virus, des chlamydies et des rickettsies, les bactéries sont souvent faciles à cultiver sur des milieux artificiels en laboratoire et posent moins de problèmes techniques de diagnostic lorsqu'il s'agit de les isoler et de les identifier à partir de cas cliniques.

Les bactéries engendrent des maladies par leur faculté à envahir et à léser les tissus et aussi par leur production de métabolites toxiques (toxines). Ces capacités varient considérablement d'une espèce à l'autre et déterminent leur degré de virulence.

Les bactéries dites envahissantes utilisent, pour pénétrer et se répandre, des enzymes ou des toxines qui attaquent les tissus de l'hôte. Un exemple particulièrement extrême de cette capacité est le charbon bactéridien, une maladie souvent mortelle dont l'agent responsable est *Bacillus anthracis,* qui pénètre généralement sous forme de spore et se multiplie abondamment dans l'ensemble des tissus avant d'entraîner la mort (voir la figure 3.3). Cette maladie atteint surtout les herbivores, mais peut infecter l'homme, ce qui nécessite d'être très vigilant avec les cadavres d'animaux atteints du charbon.

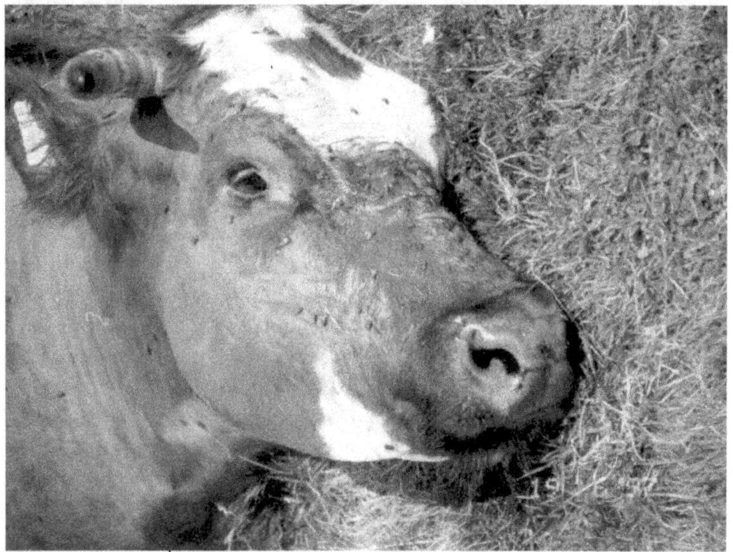

Figure 3.3.
Un bovin atteint de charbon. Le bacille du charbon est très envahissant
et se propage partout dans l'organisme de l'animal, provoquant
des hémorragies au niveau des orifices naturels tels que les naseaux
(cliché CTVM).

Les bactéries pathogènes ne sont cependant pas toutes envahissantes. D'autres espèces dont les capacités en ce domaine sont réduites ou nulles doivent leurs effets délétères à la sécrétion de substances nocives appelées exotoxines. La toxicité de ces bactéries varie considérablement en fonction des espèces. *Clostridium botulinum* produit une toxine, la toxine botulinique, qui est l'un des poisons les plus mortels que l'on connaisse ; la maladie qui résulte de cette intoxication, le botulisme, n'est heureusement pas très fréquente et il est possible de vacciner les animaux à risque dans les régions où elle sévit. La diarrhée qui survient chez le jeune bétail, due à des souches toxinogènes d'*Escherichia coli,* en constitue un autre exemple. Ces bactéries

infect souvent les intestins des animaux et, dans certaines conditions, s'y multiplient rapidement en produisant de grandes quantités d'exotoxines dont les effets peuvent être mortels.

Les champignons

Les champignons sont très répandus dans la nature et bien connus de tous. Les moisissures qui apparaissent sur la nourriture avariée en font partie. Si leur structure les rapproche à bien des égards du règne végétal, ces organismes ne sont toutefois pas photosynthétiques, c'est-à-dire qu'ils ne sont pas capables de tirer parti de l'énergie de la lumière solaire comme le font les plantes. Ils se développent de ce fait sur des matériaux qui leur permettent d'obtenir les nutriments dont ils ont besoin : matière organique morte, végétaux et parfois animaux.

Les champignons microscopiques se répartissent en deux grandes catégories, les moisissures et les levures. Les premières forment des colonies de filaments constitués de nombreuses cellules tandis que les secondes sont des organismes unicellulaires de forme arrondie ou ovale. Certaines espèces peuvent adopter l'une ou l'autre forme en fonction des conditions du milieu.

Les champignons pathogènes

Quelques espèces de champignon sont pathogènes pour les animaux. Ainsi la teigne, une maladie de peau pouvant affecter tous les animaux domestiques, est-elle due à des espèces de moisissures appartenant aux genres *Trichophyton* et *Microsporum*. De même, l'agent causal de la lymphangite épizootique, une infection cutanée du cheval, est le champignon *Histoplasma farciminosum* (voir le chapitre 1, volume 2).

Les champignons pathogènes opportunistes

Certains champignons peuvent devenir pathogènes de manière opportuniste, c'est-à-dire profiter d'une occasion favorisant leur prolifération, par exemple à la suite d'un traitement prolongé aux antibiotiques (voir le chapitre 7) à l'issue duquel la flore intestinale bactérienne normale d'un animal est affaiblie, créant les conditions pour que des champignons, habituellement inoffensifs et jusque là contenus, colonisent le milieu. C'est là l'une des raisons pour lesquelles les médecins et les vétérinaires s'efforcent de limiter l'utilisation d'antibiotiques lors du traitement des maladies d'origine bactérienne.

▶ Les mycotoxicoses

Certains empoisonnements sont causés par des toxines émises par des champignons, appelées mycotoxines. Les maladies qui en résultent, ou mycotoxicoses, ont le plus souvent leur origine dans la consommation d'aliments avariés ou mouillés sur lesquels se sont développées des moisissures — ce qui est généralement imputable à de mauvaises pratiques d'élevage. L'ergotisme, une maladie au cours de laquelle les tissus des extrémités telles que les lèvres et les oreilles sont détruits et dont tout animal peut être atteint, est provoqué par une toxine synthétisée par l'ergot, *Pithomyces chartatum,* un champignon qui se développe sur les céréales, généralement dans des conditions chaudes et humides. Les aflatoxines, mycotoxines dues à des moisissures du genre *Aspergillus*, sont responsables d'intoxications alimentaires (voir le chapitre 6, volume 2).

Les protozoaires

On peut affirmer que ce groupe est le plus complexe des micro-organismes infectieux. Comme c'est le cas pour les autres micro-organismes, il existe dans la nature plusieurs milliers d'espèces de protozoaires, parmi lesquelles une petite partie infecte les animaux et seulement quelques-unes sont pathogènes. Les protozoaires sont des organismes unicellulaires, et les espèces pathogènes d'intérêt vétérinaire se divisent en deux groupes, les flagellés et les apicomplexa.

▶ Les flagellés

Ces protozoaires possèdent une structure en forme de fouet appelée flagelle, à l'aide de laquelle ils se propulsent dans les milieux liquides. Ces organismes se développent à l'extérieur des cellules et présentent une forme de feuille leur permettant de nager dans les liquides corporels tels que le plasma sanguin, comme *Trichomonas foetus* et plusieurs espèces de *Trypanosoma*.

Les trypanosomoses sont des maladies de premier plan de tous les animaux domestiques, dont les agents responsables sont les trypanosomes, flagellés transmis par des insectes, comme les mouches tsé-tsé en Afrique ; ces trypanosomes se multiplient dans le plasma sanguin et parfois dans les fluides présents dans d'autres organes tels que le cerveau ou les yeux. La trichomonose est une infection vénérienne des bovins provoquée par des flagellés de l'espèce *Trichomonas fœtus* qui ici investissent les fluides de l'appareil génital.

▌▶ Les apicomplexa

Les apicomplexa sont des micro-organismes intracellulaires très complexes, pourvus d'un complexe apical à certains stades, qui présentent des cycles de vie compliqués comportant des phases de multiplication sexuée et asexuée. Certaines espèces envahissent les cellules intestinales des animaux et s'y multiplient en les détériorant, produisant en fin de cycle des œufs infectieux, ou oocystes, qui sont expulsés avec les fèces dans l'environnement, où d'autres animaux sensibles sont susceptibles de les ingérer. Les protozoaires responsables de la coccidiose et de la cryptosporidiose — deux maladies de l'intestin grêle des jeunes animaux — sont des exemples d'apicomplexa pathogènes infectieux se propageant de la sorte d'un animal à l'autre.

Dans le cas des genres *Theileria* et *Babesia*, un groupe très important d'apicomplexa pathogènes, il n'y a pas émission d'oocystes mais transmission cyclique par l'intermédiaire de tiques (voir le chapitre 2). A la suite d'une piqûre de tique infectée, les protozoaires finissent par s'installer au niveau de certaines cellules sanguines de l'animal atteint, qui devient alors infectieux pour les tiques. Les tiques qui s'alimentent sur cet animal et qui s'infectent en ingérant des cellules infectées au cours de leurs repas sanguins voient alors les protozoaires ingérés se développer et prendre une forme infectieuse dans leurs glandes salivaires — bouclant ainsi le cycle. Il est essentiel de bien comprendre que, ces agents ne pouvant devenir infectieux que dans l'organisme des tiques, il est possible d'interrompre leur cycle de vie par des mesures visant à empêcher ces acariens de venir s'alimenter sur les animaux. On comprend ici pourquoi la lutte contre les tiques constitue un volet important de la lutte contre la theilériose et la babésiose.

De quelle taille sont les micro-organismes ?

Les micro-organismes sont si petits qu'ils ne peuvent être observés qu'à l'aide d'un microscope. Les arthropodes et les helminthes dont il a été question au chapitre 2 peuvent, quant à eux, être discernés à l'œil nu, bien que les acariens parasites de la peau se situent à la limite de notre acuité visuelle et nécessitent bien souvent de recourir à un microscope pour être détectés.

Il reste toutefois à déterminer de quel ordre de grandeur il est réellement question. Nous pouvons tous imaginer la taille d'une montagne comparée à celle d'une maison : il est nécessaire de faire appel à ce type de comparaison — mais inversée — pour pouvoir se figurer la taille d'un micro-organisme. Les unités de mesure conventionnelles utilisées sont le micromètre (souvent abrégé en « micron ») et le nanomètre. Un mètre comporte un million de microns, et un micron correspond à mille nanomètres. La taille de certains micro-organismes figure dans le tableau 3.1.

Les microscopes classiques employés en laboratoire peuvent discerner des particules de 200 nanomètres : on peut donc déduire du tableau 3.1 que ces instruments sont assez puissants pour détecter les protozoaires, les bactéries, les rickettsies, les chlamydies et les plus grands des mycoplasmes. Pour observer les virus, cependant, des appareils beaucoup plus puissants, tels que les microscopes électroniques capables de percevoir des particules jusqu'à un demi-nanomètre, sont requis.

La taille des micro-organismes peut être mise en perspective par comparaison avec des objets de la vie quotidienne. Une carte à jouer présente une surface d'environ 50 cm² — soit presque 1,8 mille milliards de fois la taille d'un petit virus tel que celui de la fièvre aphteuse. En multipliant la surface de la carte à jouer par un facteur de cet ordre, on obtiendrait une surface d'environ 9 000 km², équivalente à la taille de l'île de Chypre. La même formule appliquée à *Babesia*, l'un des micro-organismes les plus grands, donnerait une surface égale à environ la surface de l'île d'Anguilla, dans la Caraïbe.

Tableau 3.1. Quelques micro-organismes d'intérêt vétérinaire.

Maladie	Nature des agents responsables	Taille approximative (nanomètre)
Fièvre aphteuse	Virus	30
Péripneumonie contagieuse bovine	Mycoplasme	150
Avortement enzootique de la brebis	Chlamydie	275
Anaplasmose	Rickettsie	300
Mammite staphylococcique	Bactérie (coque)	1 000
Charbon	Bactérie (bacille)	3 000-10 000 (longueur)
Babésiose	Protozoaire apicomplexa	3 000
Trypanosomose	Protozoaire flagellé	25 000 (longueur)

4. Identifier les maladies : les signes de bonne santé

Au cours des trois premiers chapitres, on a pu constater la grande diversité des types de maladies. En observant comment ces affections se manifestent, il est possible de se faire une idée raisonnée de la catégorie à laquelle elles appartiennent. La localisation géographique et l'espèce atteinte constituent des éléments de réponse supplémentaires, et les cartes de répartition des maladies dans le monde ainsi que le tableau 6.1 du chapitre 6 sont susceptibles d'aider à affiner le diagnostic. Comment aller au-delà et discerner si un animal malade est infecté par un virus ou porteur d'une infestation parasitaire massive ? C'est à ce stade que le savoir-faire, les connaissances et l'expérience entrent en jeu.

Un vétérinaire qualifié passe entre 4 et 5 années à l'université pour acquérir les connaissances et la formation requises pour diagnostiquer les maladies. Néanmoins, il lui arrive de devoir encore consulter un spécialiste de temps à autre. S'il n'est donc pas réaliste d'attendre de personnes non formées qu'elles soient capables des mêmes performances, il reste que le diagnostic est, dans une certaine mesure, accessible à des non-initiés. Partout dans le monde, les maladies courantes des animaux domestiques sont régulièrement diagnostiquées par les éleveurs eux-mêmes.

Quelle que soit la maladie, l'animal affecté manifeste certains signes anormaux. Ces derniers sont extrêmement variables et apportent de précieux indices au vétérinaire amené à faire le diagnostic. Un bœuf souffrant de la peste bovine présente ainsi un éventail de signes anormaux relativement flagrants comme la diarrhée, la fièvre, l'abattement et des écoulements au niveau des yeux, des naseaux et de la bouche. La présence de ces signes amène les vétérinaires comme les éleveurs à soupçonner sans difficulté cette grave maladie. De manière conventionnelle, on désigne ces signes anormaux sous le terme de signes cliniques de maladies, et le chapitre 5 en décrit un certain nombre que ces non-spécialistes sont capables de reconnaître.

Toutefois, avant d'aborder la reconnaissance des signes cliniques présentés par les animaux malades, il est nécessaire de reconnaître un animal sain. Les signes de bonne santé sont tout aussi importants à connaître que les signes de maladie et sont l'objet du présent chapitre. A quoi ressemble un animal en bonne santé ? Les tableaux de diagnostic qui figurent au chapitre 5 sont articulés autour des signes cliniques les plus manifestes, comme la mort, la diarrhée et certains troubles nerveux. Pour les besoins de cet ouvrage, les signes normaux qui caractérisent un animal sain sont maintenant brièvement décrits.

La mortalité

Considérer la mort comme un signe normal peut paraître curieux ; mais elle est inévitable et il est important de garder à l'esprit qu'une mort occasionnelle au sein d'un troupeau ne signifie pas nécessairement l'existence d'une maladie grave. D'après un vieil adage, un cas de mortalité dans un troupeau est une chose normale, deux cas sont une coïncidence et trois cas laissent présager des ennuis. Même si les épidémiologistes cartésiens seront tentés de protester devant de telles généralisations simplistes, il est étonnant de constater combien il est fréquent de voir la mortalité cesser après un ou deux cas seulement.

Comment reconnaître une mort normale ? Une mort normale peut être attribuée à l'âge avancé de l'animal ou être associée aux accidents ou aux événements occasionnels susceptibles d'entraîner la mort d'un ou deux animaux simultanément. Tout autre cas peut être considéré comme anormal.

L'état général

Certaines des maladies les plus importantes agissent sur l'état général des animaux et affectent leur productivité sans pour autant se traduire par des signes cliniques spectaculaires ou par des décès nombreux. Les affections qui induisent une baisse de la production chez des vaches laitières ou affectent la prise de poids des ovins destinés à la vente peuvent pénaliser gravement les revenus de l'éleveur, tout autant qu'une maladie mortelle. En fait, ces maladies ont souvent des répercussions plus préjudiciables sur un plan économique, dans la mesure où les éleveurs, trompés par leur apparence bénigne, ont tendance à ne pas prendre de mesures de lutte à leur encontre. C'est pourquoi il est important de savoir si les animaux sont dans un état général optimal. Toute dégra-

dation de celui-ci, si minime soit-elle, doit faire penser à un problème sanitaire sous-jacent susceptible de faire l'objet d'un traitement.

Des animaux sains en bon état général présentent un pelage lisse et brillant. Leur musculature est bien développée, avec les côtes et les pointes des hanches arrondies et non pas saillantes. Les flancs doivent dessiner une courbe convexe lisse entre l'arrière des coudes et le devant des membres postérieurs, sans se creuser à l'arrière des côtes. Ces signes se voient aisément chez les animaux à peau fine ou au pelage peu épais, mais plus difficilement chez les individus qui présentent un poil fourni, comme chez certaines races ovines. Les vétérinaires et les éleveurs expérimentés palpent toujours des mains l'animal qu'ils examinent afin de juger de son état général. Quiconque ayant à travailler avec des animaux domestiques devrait systématiquement faire de même et ainsi progressivement acquérir ce savoir-faire (voir la figure 4.1).

Figure 4.1.
Les vétérinaires palpent systématiquement les animaux qu'ils examinent afin d'estimer au toucher l'état de leur peau et d'évaluer leur état corporel (cliché Gourreau J.M.).

L'évaluation de l'état général peut être approfondie par un système de notation. Cette technique permet d'attribuer à chaque animal une note correspondant à son état corporel. Ce système, dont l'application comporte une certaine part de subjectivité, a d'abord été mis au point chez les races bovines, ovines et caprines des régions tempérées, puis adapté pour pouvoir être utilisé avec les animaux de races tropicales, y compris les ânes et les dromadaires. L'échelle des points varie entre 0 ou 1 et 4, 5 ou 9. Les animaux maigres obtiennent une note faible tandis qu'à l'opposé des animaux gras obtiennent une note élevée. L'auteur a trouvé cette technique très utile à plusieurs reprises dans les régions intertropicales. En prenant l'habitude de noter systématiquement les animaux de la sorte, il devient possible d'apprécier de manière efficace si l'état général du cheptel se dégrade ou au contraire s'améliore en fonction des circonstances — par exemple, à la suite de traitements contre les vers intestinaux, lors des différentes saisons de pâturage, etc. (voir la figure 4.2). Le lecteur désirant consulter un exemple de notation de l'état corporel pourra se reporter à l'ouvrage de R.M. Gatenby, *Le mouton* (1991).

La peau

L'importance de savoir reconnaître le pelage lisse et brillant d'un animal en bonne santé a déjà été soulignée. Cet examen peut être complété, en écartant la laine ou les poils, par une inspection plus attentive de la peau. Cette dernière doit être régulière, sans nodules, croûtes, squames ou débris.

La peau est un organe résistant qui protège les tissus sous-jacents et qui contribue au maintien de la température corporelle (se reporter à la section consacrée au stress thermique dans le volume 2). Elle doit permettre les mouvements des tissus qui se trouvent au-dessous, tels que les os, les muscles et les tendons, et doit donc rester souple. Pincée entre les doigts et soulevée, la peau d'un animal sain reprend immédiatement sa position d'origine une fois relâchée. Dans le cas contraire, des problèmes de circulation sanguine au niveau de la peau sont à rechercher, dont les causes peuvent être multiples, par exemple une déshydratation liée à une diarrhée.

Figure 4.2.
Un bovin très maigre, dont l'état corporel a été qualifié de mauvais (cliché Cirad).

La tête

Les vétérinaires qui examinent les animaux peuvent déduire quantités d'informations de l'examen de la tête. Les yeux doivent être transparents, vifs et humides. Les glandes lacrymales secrètent en permanence un flux de larmes qui circule sur la surface des globes oculaires et contribue à leur protection en évacuant les particules et les organismes qui pourraient s'y déposer. Des conduits particuliers situés dans le coin interne des yeux évacuent ce flux constant vers l'arrière de la gorge — il ne devrait donc y avoir aucun écoulement de larme sur la peau au-dessous des yeux.

Le museau, ou mufle, doit être légèrement humide et frais, sans écoulement nasal. L'intérieur de la bouche doit toujours être humide, du fait de la sécrétion constante de salive pour faciliter la digestion. Le rythme de production de la salive lui permet d'être facilement avalée au fur et à mesure sans qu'elle s'écoule hors de la bouche.

Les muqueuses directement observables

L'intérieur de l'organisme d'un animal est constitué de cavités et d'organes tubulaires tapissés de muqueuses. Ces organes comprennent l'ensemble du tube digestif, de la bouche au rectum, les voies respiratoires, des narines aux poumons, les voies urinaires et génitales, ainsi que la conjonctive, qui tapisse l'intérieur des paupières et l'avant du globe oculaire. Les muqueuses secrètent une substance visqueuse appelée mucus, qui contribue à lubrifier la surface de ces organes et à les protéger en piégeant les micro-organismes et les particules qui sont alors évacués selon divers mécanismes. Les muqueuses sont visibles en certains endroits, comme la surface interne de la bouche, y compris les gencives, les narines, les paupières (conjonctive), le vagin, le prépuce (fourreau de la verge) et le rectum. Chez l'animal en bonne santé, les muqueuses sont lisses et rendues brillantes par la fine pellicule de mucus qui les recouvre. Lorsqu'elles ne sont pas pigmentées, elles sont de couleur rose saumoné. Dans la pratique, l'intérieur de la bouche et la conjonctive sont les muqueuses les plus faciles à examiner lors de la recherche des signes cliniques.

N.B. : La partie de la conjonctive qui recouvre le devant du globe oculaire est transparente.

Le comportement

Comme certaines maladies importantes affectent le système nerveux, il est important de savoir reconnaître le comportement habituel d'un animal sain. Les animaux domestiques sont le plus souvent habitués à la présence humaine et ne devraient pas en être effrayés. La présence d'un étranger est susceptible de susciter leur curiosité et d'attirer leur attention, parfois jusqu'à s'en approcher pour l'examiner de plus près. Toute absence de ce type de curiosité naturelle et saine peut constituer un signal d'alarme.

Tout comme les humains, certains animaux ont « mauvais caractère ». Il est important de pouvoir déterminer, lorsque l'on est confronté à un individu agressif, si cette attitude lui est habituelle ou non — car un comportement de ce type peut constituer un signe précoce de maladie.

La démarche

Une boiterie, quelle qu'en soit la cause, peut être très pénible à supporter ; aussi est-il important de savoir juger si un animal se déplace normalement ou pas. Lors de la marche, au pas, les mouvements doivent être rythmés et équilibrés, la tête se balançant ou hochant légèrement en mesure. Au repos, en position debout, l'animal doit se tenir confortablement d'aplomb sur ses quatre membres et ne montrer aucune tendance à se coucher ou à tenir fléchi ou levé un pied plus qu'un autre.

La respiration

Chez un animal sain, les mouvements respiratoires d'inspiration et d'expiration sont presque silencieux et à peine audibles, sauf après un effort physique. Le nombre d'inspirations ou d'expirations par minute, au repos, ou rythme respiratoire, varie en fonction de l'espèce et de la race. De façon générale, plus l'animal est grand, plus le rythme respiratoire est lent. Les valeurs ci-dessous donnent une idée approximative du rythme respiratoire de divers animaux domestiques en bonne santé et au repos.

Espèce	Fréquence respiratoire	Espèce	Fréquence respiratoire
Bovins (taurins et zébus)	12-28	Chameaux (à une et deux bosses)	6-12
Buffles	21-24	Equidés	8-16
Ovins et caprins	12-20	Porcins	10-16

Le cycle respiratoire comporte trois phases de durée égale, à savoir l'inspiration, l'expiration et une pause. Le rythme respiratoire est susceptible de s'accélérer après l'exercice ou lorsque la température ou l'humidité ambiantes s'élèvent.

La température corporelle

La santé de tous les animaux est tributaire de leur faculté à maintenir une température corporelle presque constante, même lorsque les températures extérieures atteignent des valeurs extrêmes. Ils y parviennent par différents mécanismes physiologiques et comportementaux (voir dans le volume 2 la section consacrée au stress thermique). Une température corporelle qui s'écarte significativement de la fourchette des valeurs normales constitue un signe très révélateur de mauvaise santé.

Il n'est de ce fait guère surprenant que les vétérinaires attachent autant d'importance à la température corporelle des animaux qu'ils examinent. Elle se mesure en introduisant un thermomètre médical à l'intérieur du rectum et en le maintenant en position pendant environ une minute (il existe actuellement des thermomètres électroniques digitaux qui permettent une lecture plus rapide). Cet instrument doit être bien évidemment nettoyé avec un désinfectant, à froid, après chaque utilisation afin d'éviter le transfert d'agents pathogènes d'un animal à un autre.

N.B. : Ne jamais nettoyer un thermomètre à l'eau très chaude sous peine de le détériorer.

Comme c'est le cas pour le rythme respiratoire, la température corporelle normale des animaux varie en fonction de l'espèce et même, dans une certaine mesure, de la race. Elle présente également des fluctuations quotidiennes : elle atteint son niveau le plus bas au petit matin et son niveau le plus élevé en fin d'après-midi.

Les chameaux, en particulier, peuvent voir leur température corporelle varier de 6 °C ou même plus — une caractéristique qui leur permet de mieux supporter les températures extrêmes et de limiter les pertes en eau par évaporation engendrées par le refroidissement physiologique de l'organisme. La température est plus élevée l'après-midi et le soir que le matin. Un grand camélidé est en hyperthermie s'il a plus de 37 °C le matin ou plus de 39 °C quand le soleil se couche. Il peut avoir normalement plus de 41 °C dans la journée. De manière générale, plus un animal est grand, plus sa température corporelle est basse. Pour une utilisation pratique, la liste qui figure ci-dessous donne la température corporelle approximative d'animaux en bonne santé, le matin au repos.

Espèce	Température corporelle (°C)
Bovins (taurins et zébus)	39,0
Buffles	38,3
Chameaux	variable 37,5 (35-41) *
Ovins	39,0
Caprins	39,0
Chevaux	38,0
Porcins	39,0

* Voir le texte ci-dessus.

A noter que l'on peut avoir dans certaines régions tropicales dans la journée des températures qui dépassent la température corporelle. Il faut alors lire le thermomètre à mercure très rapidement après l'avoir retiré du rectum de l'animal ou bien le plonger tout de suite dans de l'eau fraîche et le lire sous l'eau.

Les fèces

La consistance et la couleur des fèces produites par un animal sain varient bien entendu avec le régime alimentaire. Par conséquent, il convient d'en tenir compte et de savoir reconnaître les excréments « normaux » produits par des animaux en bonne santé recevant différents régimes alimentaires, fréquentant différents parcours ou conduits selon divers modes de gestion, etc. Les jeunes encore nourris au lait maternel ont des fèces jaunâtres et molles qui changent de couleur et de consistance lorsqu'ils se mettent à consommer des aliments solides.

Les bovins adultes recevant un régime essentiellement composé d'herbe verte produisent des fèces humides jusqu'à 18 ou 20 fois par jour, tandis que les bovins en parcours extensif semi-aride ont des fèces plus sèches et défèquent moins fréquemment. Les buffles produisent également de grandes quantités d'excréments, essentiellement composés d'eau.

Les chameaux, les chevaux, les ovins et les caprins produisent des fèces moulées. Celles des chameaux sont de forme oblongue, d'une longueur d'environ 4 cm, tandis que celles des équidés sont d'aspect plus irrégulier, d'environ 4 à 8 cm de largeur. Les fèces des moutons et des chèvres sont constituées d'unités beaucoup plus petites et arrondies.

Chez un animal en bonne santé, la consistance des fèces est susceptible d'évoluer très rapidement à la suite d'un changement d'alimentation. La diarrhée est un signe clinique important dans beaucoup de maladies, mais peut aussi n'être due qu'à la consommation de jeunes pousses au pâturage ou à un changement de parcours.

La reproduction

Un certain nombre de maladies importantes ont des répercussions sur la reproduction, par exemple en entraînant des avortements, de l'infertilité, etc. Bien que cet ouvrage ne se propose pas de fournir la description détaillée des cycles reproducteurs des animaux domestiques, le tableau 4.1 en récapitule les principales caractéristiques.

▶ Les chaleurs

Les chaleurs, ou œstrus, correspondent à la période durant laquelle une femelle pubère accepte le mâle. Son déterminisme physiologique est complexe et fait intervenir des modifications hormonales importantes. Plusieurs facteurs externes peuvent avoir une influence. Dans les zones tempérées, les fluctuations importantes de la durée du jour entre l'hiver et l'été agissent sur les cycles de reproduction des animaux domestiques, en particulier les ovins et les caprins. Ainsi les brebis entrent en chaleur et sont saillies lorsque les jours raccourcissent, en automne et en hiver, et mettent bas au printemps. Dans les régions tropicales et subtropicales, là où la durée du jour varie peu, d'autres facteurs deviennent plus déterminants : une température ambiante élevée ou un état nutritionnel déficient sont susceptibles de faire disparaître toute activité reproductrice. Les saisons de reproduction sont ainsi très variables d'une région à l'autre et ne peuvent être appréhendées qu'avec de solides connaissances locales.

Chez les chameaux et les lapins, espèces à ovulation provoquée, l'œstrus et l'ovulation ne surviennent pas spontanément comme chez les autres espèces, mais sont déclenchés par l'accouplement. Pour ces espèces, il n'existe pas de « cycle œstrien » à proprement parler, et la valeur indiquée dans le tableau 4.1 correspond au temps qui s'écoule entre deux périodes successives d'acceptation du mâle.

La plupart des espèces ont une ovulation spontanée : la femelle adulte ovule pendant ou juste après la phase des chaleurs. Si la femelle n'est pas saillie par un mâle durant ses chaleurs, elle présentera à nouveau des chaleurs ultérieurement. La durée du cycle séparant 2 phases de chaleurs successives est appelée cycle œstrien ; elle varie en fonction des individus et des races. Les valeurs moyennes et les plages de variation qui figurent dans le tableau 4.1 couvrent néanmoins la plupart des situations qui se présentent dans la pratique.

Tableau 4.1. Principales caractéristiques de la reproduction des animaux domestiques.

Espèces	Durée de la gestation (jours)	Durée du cycle œstrien normal (jours)	
		Moyenne	Variabilité
Bovins (taurins et zébus)	279-292 selon la race	21	18-24
Buffles de rivière	310 (302-319)	21	11-30
Buffles des marais	320 (301-343)	21	11-30
Chameaux	390 (336-405)	24*	15-28
Ovins	150 (140-160)	17	14-21
Caprins	150 (145-155)	19	18-21
Porcs	114 (110-117)	21	16-30
Chevaux	335 (330-342)	21	19-26

* Les femelles des chameaux doivent être stimulées par les mâles pour ovuler.

▯ La durée de la gestation

La durée de gestation correspond au temps qui s'écoule entre la fécondation et la mise bas. Elle varie de manière importante entre les espèces et entre les races (voir le tableau 4.1).

Les signes de bonne santé esquissés ici sont récapitulés dans la figure 4.3. Ils n'ont qu'une valeur indicative, donnant une idée approximative de ce qu'il faut rechercher chez un animal sain : rien ne remplace l'expérience pour acquérir le savoir-faire et les connaissances nécessaires.

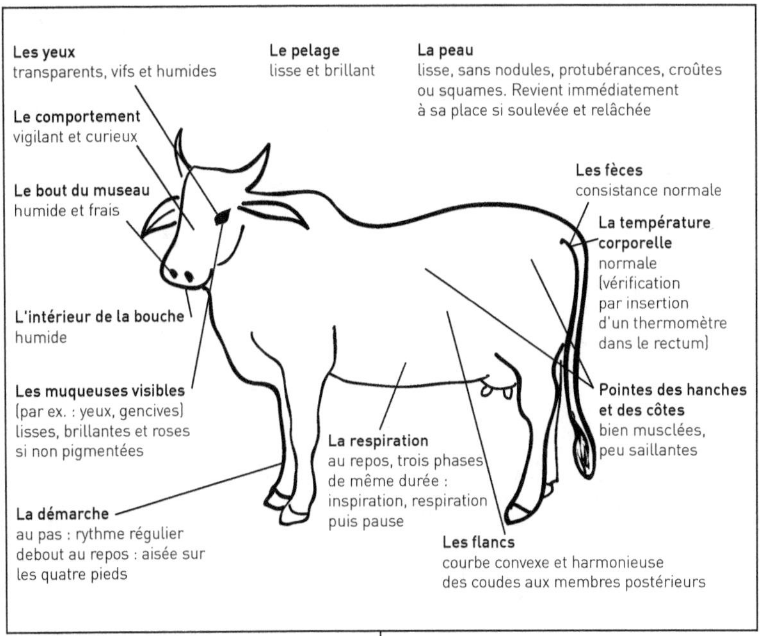

Figure 4.3.
Les signes de bonne santé
chez l'animal.

5. Reconnaître les maladies : les symptômes

Après avoir exposé les signes de bonne santé dans le chapitre 4, il devient possible de s'attacher à la reconnaissance des symptômes, ou signes cliniques, de maladies. Si les vétérinaires y sont professionnellement formés, les éleveurs, par expérience, ont également développé une certaine expertise dans ce domaine : toute anomalie est rapidement détectée, même s'ils ne savent parfois pas exactement à quelle maladie ils ont à faire.

Dans le premier chapitre, nous avons vu comment il est possible de se faire une première idée du type d'une maladie en observant son mode d'apparition. Toutefois, pour la plupart des éleveurs, les signes cliniques constituent les caractéristiques les plus facilement repérables. Il leur est plus aisé de remarquer que les maladies qui affectent leurs animaux se traduisent par des diarrhées, de la toux ou des morts que de déterminer si elles sont infectieuses ou transmises par des arthropodes.

Dans ce chapitre, après une brève description des symptômes associés à la plupart des troubles qui affectent les animaux dans les régions inter-tropicales, une série de tableaux répertorient en fonction de leurs principaux signes cliniques les maladies détaillées dans le volume 2. Certaines affections, qui présentent des symptômes multiples, apparaissent dans plusieurs tableaux. La peste bovine, par exemple, est une maladie souvent mortelle qui occasionne des diarrhées graves avant l'issue fatale : elle figure par conséquent dans le tableau consacré aux maladies mortelles ainsi que dans celui regroupant les maladies diarrhéiques. Quant aux signes de bonne santé, ils peuvent servir de guide et se révéler utiles en l'absence de toute aide vétérinaire. Il est important de souligner, cependant, que ce chapitre ne doit pas être considéré comme un vade-mecum de médecine vétérinaire.

Les morts

La mort ne constitue un signal d'alarme que lorsque le taux de mortalité constaté dans un troupeau devient anormalement élevé. Bien évidemment, toute maladie est potentiellement fatale. Toutefois, s'il est vrai que des personnes âgées de santé fragile peuvent être emportées par des affections ordinairement bénignes telles qu'un rhume, il serait excessif d'en déduire que le rhume est une maladie mortelle. Il en va de même pour les animaux, et les maladies mortelles qui figurent dans les tableaux ci-dessous sont des affections pour lesquelles la probabilité d'une issue fatale (létalité) est forte, surtout en l'absence de traitement.

En outre, pour les maladies mortelles, la rapidité avec laquelle les animaux atteints succombent constitue une donnée importante pour le diagnostic. Les tableaux distinguent de ce fait les maladies qui entraînent une mort rapide. Si cette propriété est souvent désignée sous le terme de « mort subite », il existe en réalité peu de maladies ayant une issue fatale si rapide qu'aucun symptôme n'ait précédé la mort. Dans la pratique, le terme de mort subite s'applique à la mort d'un animal survenue après une maladie très brève et non détectée, l'animal ayant été retrouvé à l'état de cadavre.

N.B. : Les ouvrages consacrés aux maladies indiquent souvent les taux de morbidité et de mortalité de chacune d'entre elles. Le taux de morbidité (ou de mortalité) correspond au pourcentage d'une population à risque qui devient malade (ou qui meurt) pendant une période donnée. Le taux de létalité est la proportion d'animaux qui meurent parmi ceux qui sont malades. De tels chiffres n'ont pas été indiqués dans cet ouvrage car ils présentent une grande variabilité et ne doivent pas être considérés comme des règles d'or.

Les principales maladies mortelles sont présentées dans les tableaux 5.1 à 5.4.

Tableau 5.1. Les principales maladies mortelles des bovins (taurins, zébus et buffles).

Maladie	Mort rapide	Tableaux épidémiologique et clinique	Chap. vol. 2
Babésiose à *Babesia bovis*		Transmise par des tiques ; les bovins provenant de régions où la maladie n'est pas endémique sont très sensibles (en particulier les taurins européens) ; fièvre, anémie, hémoglobinurie (urines foncées) et troubles nerveux ; taux de mortalité parfois élevé.	4
Botulisme		Empoisonnement par des toxines botuliniques produites dans certaines conditions de putréfaction de matières organiques ; paralysie, protrusion de la langue, position couchée et mort après 1 à 2 semaines ; parfois collapsus brutal et mort rapide.	6
Charbon bactéridien	*	Maladie des herbivores ruminants ; fièvre élevée et mort, souvent brutale ; écoulements sanguinolents au niveau des orifices naturels après la mort.	1

Tableau 5.1. *suite*

Maladie	Mort rapide	Tableaux épidémiologique et clinique	Chap. vol. 2
Charbon symptomatique	*	Maladie des jeunes bovins au pâturage ; tuméfactions chaudes et douloureuses, crépitantes sous la main (gangrène gazeuse) de l'avant-train et de l'arrière-train, boiterie, fièvre et mort en 1 à 2 jours.	6
Coryza gangreneux (fièvre catarrhale maligne des bovins)		Sporadique ; bovins en contact avec des nouveau-nés de gnous ou de moutons ; écoulements au niveau des yeux et du nez, gonflement des ganglions lymphatiques de la tête et du cou, fièvre.	1
Cowdriose (*heartwater*)		Maladie transmise par des tiques du genre *Amblyomma* ; les bovins de régions où la maladie n'est pas endémique sont très sensibles ; fièvre, diarrhée fétide et profuse, troubles nerveux et, souvent, mort.	4
Empoisonnement au cyanure	*	Intoxication par des plantes jeunes en croissance rapide (par ex. sorgho) ; muqueuses rouges, respiration difficile, collapsus et mort.	6
Fièvre aphteuse	*	Très contagieuse ; entraîne parfois la mort subite des veaux.	1
Fièvre de la vallée du Rift		Maladie transmise par des moustiques ; aiguë chez le veau ; fièvre, vomissements, écoulement nasal, collapsus et mort ; forme suraiguë chez le nouveau-né.	4 / 4
Gousiekte	*	Intoxication progressive par certaines plantes provoquant une fibrose cardiaque ; mort subite par arrêt cardiaque 1 à 2 mois plus tard, souvent après l'exercice.	6
Hémoglobinurie bacillaire (entérotoxémie)	*	Entérotoxémie des bovins infestés par des douves du foie (fasciolose) ; fièvre, douleurs abdominales, urines de couleur rouge et mort.	6
Hépatite infectieuse nécrosante		Autre entérotoxémie des bovins infestés par des douves du foie ; abattement et mort après 1 à 2 jours.	6
Intoxication au *Dichapetalum cymosum*	*	Les feuilles contiennent une substance toxique qui entraîne une défaillance cardiovasculaire aiguë, le collapsus et la mort, souvent après avoir bu de l'eau.	6
Maladie des muqueuses		Maladie sporadique des bovins ; les signes cliniques ressemblent à ceux de la peste bovine ; généralement mortelle dans sa forme clinique aiguë. Les infections inapparentes sont très fréquentes.	2
Péripneumonie contagieuse bovine		Une des maladies respiratoires majeures des bovidés. Fièvre, respiration difficile, toux, jetages nasaux et oculaires. Le taux de mortalité est modéré mais les pertes économiques sont très importantes.	1
Peste bovine		Importante maladie contagieuse mortelle ; diarrhée grave, écoulements au niveau des yeux et du nez, hypersalivation, odeur fétide, mort habituellement 10 jours plus tard.	1

…/…

Tableau 5.1. suite

Maladie	Mort rapide	Tableaux épidémiologique et clinique	Chap. vol. 2
Rage		Survient à la suite d'une morsure infligée par un animal infecté (par ex. chiens, chacals, etc.) ; troubles nerveux pendant environ une semaine, puis mort.	1
Sénéciose aiguë	*	Due à l'ingestion de grandes quantités de plantes du genre *Senecio* sur une période courte (par ex. jeunes pousses après un feu) ; hémorragies internes et mort brutale.	6
Septicémie hémorragique (*Pasteurella multocida*)		Maladie importante atteignant surtout les buffles ; fièvre, hypersalivation, écoulement nasal et mort en 1 à 2 jours ; souvent après un stress, par exemple au début des labours.	1
Stress thermique		Surexposition à des températures ambiantes élevées ou à des conditions surpeuplées dans un local peu ventilé ; léthargie, hyperthermie, collapsus et mort.	6
Syndrome de la vache grasse		Peu courant ; atteint les vaches laitières taries suralimentées ; après la mise bas, perte d'appétit, coma et mort.	6
Theilériose		Maladie transmise par des tiques ; les animaux non indigènes sont très sensibles et peuvent présenter des taux de mortalité élevés ; fièvre, anémie, ictère et gonflement des ganglions lymphatiques.	4
Trypanosomose		Infections transmises par des mouches ; entraînent une anémie chronique, une dégradation de l'état général et souvent la mort, parfois de nombreux mois après l'apparition des premiers signes cliniques.	4

Tableau 5.2. Les principales maladies mortelles des ovins et des caprins.

Maladie	Mort rapide	Tableaux épidémiologique et clinique	Chap. vol. 2
Botulisme		Empoisonnement par des toxines botuliniques produites dans certaines conditions de putréfaction de matières organiques ; paralysie, protrusion de la langue, allongement au sol et mort après 1 à 2 semaines ; parfois collapsus brutal et mort.	6
Charbon bactéridien	*	Maladie des ruminants pâturant ; fièvre élevée et mort, souvent brutale ; écoulements sanguinolents au niveau des orifices naturels après la mort.	1
Charbon symptomatique	*	Maladie occasionnelle des jeunes ovins au pâturage ; gonflements chauds et douloureux des trains avant et arrière, boiterie, fièvre et mort en 1 à 2 jours.	6

Tableau 5.2. suite

Maladie	Mort rapide	Tableaux épidémiologique et clinique	Chap. vol. 2
Cowdriose *(heartwater)*		Maladie transmise par des tiques du genre *Amblyomma* ; les ovins et caprins provenant de régions où la maladie n'est pas endémique sont très sensibles ; fièvre, troubles nerveux et mort fréquente.	4
Empoisonnement au cyanure	*	Intoxication par la consommation de plantes jeunes en croissance rapide (par ex. sorgho) ; muqueuses rouges, respiration difficile, collapsus et mort.	6
Entérotoxémie	*	Généralement favorisée par un changement de régime alimentaire ; fièvre, abattement, collapsus et mort.	6
Entérotoxémie hémorragique du mouton à *C. perfringens* type C	*	Concerne essentiellement les ovins de moins d'un an ; se déclare souvent à la suite d'une amélioration de l'alimentation ; survient brutalement, démarche chancelante, convulsions et mort en quelques heures.	6
Fasciolose (distomatose) aiguë		Infestation par un grand nombre de douves sur une période brève par pâturage dans des zones abritant des escargots aquatiques ; faiblesse, anémie et mort en 1 ou 2 jours ; atteint généralement les jeunes ovins.	5
Fièvre de la vallée du Rift		Maladie transmise par des moustiques ; forme aiguë chez les agneaux et les chevreaux ; fièvre, vomissements, écoulement nasal, collapsus et mort ; forme suraiguë chez le nouveau-né.	4
Gousiekte	*	Empoisonnement progressif par des plantes se traduisant par une fibrose du cœur ; mort brutale par arrêt cardiaque 1 à 2 mois plus tard, souvent après l'exercice.	6
Hæmonchose		Une des principales strongylose digestive des ovins et caprins au pâturage ; les jeunes sont particulièrement sensibles ; anémie, dégradation de l'état général et mort dans les cas graves.	5
Hémoglobinurie bacillaire	*	Entérotoxémie des ovins atteints de fasciolose ; fièvre; douleurs abdominales, urine colorée en rouge et mort.	6
Hépatite infectieuse nécrosante		Autre entérotoxémie ; atteint les ovins parasités par la douve du foie ; abattement et mort après 1 à 2 jours.	6
Intoxication au *Dichapetalum cymosum*	*	Les feuilles contiennent une substance toxique qui provoque une défaillance circulatoire aiguë, le collapsus et la mort, souvent après avoir bu de l'eau.	6
Maladie de Nairobi		Maladie transmise par les tiques ; les ovins et caprins non indigènes sont très sensibles ; fièvre, écoulements au niveau des yeux et du nez, avortements spontanés, dysenterie, collapsus et mort.	4
Peste bovine		Importante maladie contagieuse des bovins ; les souches virales présentes en Inde sont également pathogènes pour les ovins et les caprins ; maladie très semblable à la peste des petits ruminants.	1

…/…

Tableau 5.2. suite

Maladie	Mort rapide	Tableaux épidémiologique et clinique	Chap. vol. 2
Peste des petits ruminants		Maladie très contagieuse des caprins et des ovins ; diarrhée grave, écoulements au niveau des yeux et du nez, hypersalivation et mort.	1
Pleuropneumonie contagieuse caprine		Maladie pulmonaire grave des caprins ; fièvre, respiration difficile, dyspnéique, toux douloureuse et écoulement nasal abondant ; issue fatale possible pour 60-90 % des animaux lors de l'apparition d'un foyer.	1
Rage		Troubles nerveux pendant environ une semaine avant la mort.	1
Tétanos		Les agneaux sont très sensibles ; contamination du cordon ombilical, blessures, etc. ; raideurs, spasmes généralisés, convulsions et mort par défaillance respiratoire.	6
Theilériose		Maladie transmise par des tiques ; les races non indigènes sont très sensibles ; fièvre, gonflement des ganglions lymphatiques superficiels et mort.	4
Toxémie de gestation		Brebis en fin de gestation ; signes précoces peu distincts ; abattement, changement de comportement, troubles nerveux, odeur sucrée écœurante, mort en quelques jours.	6
Variole ovine (clavelée) et variole caprine		Présente partout ; atteint les animaux de tous âges ; fièvre, éruptions cutanées papulovésiculeuses ou nodulaires dans les zones fines et glabres de la peau ; mort occasionnelle.	1

Tableau 5.3. Les principales maladies mortelles des porcs.

Maladie	Mort rapide	Tableaux épidémiologique et clinique	Chap. vol. 2
Aflatoxicose		Intoxication par contamination fongique des aliments ; les jeunes sont particulièrement sensibles ; chétivité et mort après une maladie brève.	
Charbon bactéridien		Fièvre élevée, gonflement œdémateux de la gorge et mort après 2 à 3 jours ; écoulements sanguinolents au niveau des orifices naturels après la mort.	1
Cœur mûriforme	*	Jeunes porcs en croissance rapide nourris avec des aliments concentrés énergétiques déficitaires en sélénium ou en vitamine E ; lésions cardiaques entraînant une défaillance cardiaque et une mort subite.	6
Empoisonnement au tourteau de graines de coton		Intoxication au gossypol dans les régimes alimentaires comportant plus de 10 % de tourteau de graines de coton ; si prolongée, porte atteinte au cœur et finit par entraîner une défaillance cardiaque.	6

Tableau 5.3. suite

Maladie	Mort rapide	Tableaux épidémiologique et clinique	Chap. vol. 2
Entérotoxémie	*	Peu commune dans les régions intertropicales ; atteint les porcelets jusqu'à l'âge d'une semaine ; abattement, diarrhée sanguinolente et mort dans les 24 heures.	6
Fièvre aphteuse	*	Très contagieuse ; entraîne la mort subite chez les jeunes porcelets.	1
Maladie de Teschen	*	Encéphalomyélite du porc, uniquement présente à Madagascar. Paralysie du train arrière et incoordination motrice, puis signes d'encéphalite (tremblements de la tête, grincement des dents...) aboutissant à la mort. Formes chroniques possibles.	1
Peste porcine africaine	*	Transmise par des tiques molles (*Ornithodoros*) et par contact direct ; les signes principaux en sont : fièvre, incoordination motrice et mort en une semaine ; des formes suraiguës et, plus rarement, chroniques existent également.	1
Peste porcine classique		Maladie courante et très infectieuse ; cliniquement indiscernable de la peste porcine africaine.	1
Peste bovine		Maladie contagieuse ; hypersalivation, écoulements au niveau des yeux et du nez, diarrhée et mort au bout d'environ 10 jours.	1
Rouget aigu (érysipèle)		Infection courante atteignant les individus de tous âges ; fièvre, écoulements oculaires, gonflements cutanés rouges en forme de losange et mort, pour beaucoup, 3 jours plus tard.	1
Rouget chronique (érysipèle)	*	Mort subite par lésions cardiaques ; l'animal peut sembler normal ou présenter des signes de défaillance cardiovasculaire (par ex. respiration laborieuse, peau bleutée).	1
Stress thermique		Peut survenir si les porcs ne disposent pas d'ombre ou d'eau ; léthargie, collapsus et mort.	6
Trypanosomose à *Trypanosoma simiae*	*	Maladie transmise par des mouches tsé-tsé ; fièvre élevée et mort dans les 24 heures suivant l'apparition des signes cliniques.	4

Tableau 5.4. Les principales maladies mortelles des équidés.

Maladie	Mort rapide	Tableaux épidémiologique et clinique	Chap. vol. 2
Anémie infectieuse des équidés		Maladie transmise par des insectes piqueurs ; fièvre, écoulements au niveau des yeux et du nez, œdème ; certains cas meurent après quelques semaines mais beaucoup se remettent, rechutent et meurent plus tard.	4

.../...

Tableau 5.4. suite

Maladie	Mort rapide	Tableaux épidémiologique et clinique	Chap. vol. 2
Babésiose ou piroplasmose (*Babesia caballi* et *Theileria equi*)		Transmise par des tiques.	4
Botulisme	*	Empoisonnement par des toxines botuliniques produites dans certaines conditions de putréfaction de matières organiques ; paralysie, protrusion de la langue, allongement au sol et mort après 1 à 2 semaines ; parfois collapsus brutal et mort.	6
Charbon bactéridien		Maladie mortelle importante ; fièvre élevée, gonflement œdémateux de la gorge et mort après 2 à 3 jours ; écoulements sanguinolents au niveau des orifices naturels après la mort.	1
Dourine		Sporadique ; maladie vénérienne chronique produisant des lésions de l'appareil génital, des œdèmes cutanés et une dégradation de l'état général ; létalité élevée parmi les cas cliniques.	2
Encéphalomyélites virales des équidés (type oriental, type occidental, vénézuelienne, encéphalite japonaise, fièvre West Nile)		Maladies transmises par des moustiques ; d'inapparentes à graves (fièvre, troubles nerveux, collapsus et mort) ; issue fatale pour jusqu'à 80 % des animaux atteints par les infections américaines.	4
Peste équine		Maladie mortelle importante transmise par des moucherons ; deux formes principales : pulmonaire aiguë ou circulatoire subaiguë ; il existe également des formes mixtes et des formes moins graves.	4
Rage		Maladie rare qui survient à la suite d'une morsure infligée par un animal infecté (par ex. chien ou chacal) ; troubles nerveux et mort en une semaine environ.	1
Sénéciose aiguë	*	Rare ; survient à la suite d'une ingestion massive de plantes du genre *Senecio* (par ex. jeunes pousses apparaissant après un feu) ; hémorragies internes et mort subite.	6
Stress thermique		Surexposition à des températures ambiantes élevées ou à des conditions surpeuplées dans un local mal ventilé ; léthargie, hyperthermie, collapsus et mort.	6
Strongylose à *Strongylus vulgaris*		Rare ; les larves obstruent les artères internes et les dégâts infligés aux tissus au cours de ce processus provoquent fièvre, douleurs abdominales et parfois la mort.	5

Tableau 5.4. suite

Maladie	Mort rapide	Tableaux épidémiologique et clinique	Chap. vol. 2
Tétanos		Les chevaux sont très sensibles ; contamination de coupures, blessures, etc. ; raideurs, spasmes généralisés, convulsions et mort par défaillance respiratoire.	6
Trypanosomoses		Infections transmises par des mouches ; entraînent une anémie chronique, une dégradation de l'état général et souvent la mort, parfois de nombreux mois après l'apparition des premiers signes cliniques. Symptômes nerveux fréquents chez les équidés.	4

La dégradation de l'état général

Certaines maladies atteignant les animaux domestiques dans les régions intertropicales ne présentent pas de signe clinique frappant mais entraînent une dégradation progressive de l'état général qui, non traitée, peut aboutir à la mort. Les animaux dont l'état général est déficient n'ont pas le comportement alerte et l'énergie de ceux qui sont en bonne santé, et leur pelage tend à être terne et rêche plutôt que lisse et brillant. La dégradation de l'état général en constitue la manifestation la plus visible : les courbes rondes et harmonieuses disparaissent peu à peu pour laisser apparaître les os sous la peau. Les côtes et les pointes des hanches sont saillantes, l'abdomen se creuse au lieu de poursuivre une courbe régulière au-delà de la cage thoracique. Ces signes sont évidents, même aux yeux d'un observateur inexpérimenté, mais peuvent être quantifiés à l'aide du système de notation brièvement décrit au chapitre 4. Les maladies qui sont à l'origine d'une dégradation de l'état général chez les ruminants sont regroupées dans les tableaux 5.5 et 5.6. Ces derniers spécifient également les maladies comptant la diarrhée au nombre des symptômes qui les caractérisent, ce qui est fréquemment le cas.

Tableau 5.5. Les maladies des bovins caractérisées par une dégradation de l'état général.

Maladies	Diarrhée	Tableaux épidémiologique et clinique	Chap. vol. 2
Acétonémie		Atteint les vaches laitières à haut rendement quelques semaines après la mise bas ; odeur d'acétone dans l'haleine et le lait ; baisse importante de la sécrétion de lait ; la plupart des individus guérissent.	6
Aflatoxicose		Atteint les veaux après ingestion de grains ou d'autres aliments contaminés par des champignons ; entraîne des lésions hépatiques ; mort possible après quelques semaines.	5
Ascaridiose du veau	*	Atteint les veaux, particulièrement les buffles, au cours des 6 premiers mois ; généralement infectés par la mère, par l'intermédiaire du lait ; maladie occasionnellement mortelle.	1
Carences en calcium et en phosphore		La carence en calcium est rare, mais la carence en phosphore est fréquente chez les bovins au pâturage ; déformations des membres chez les jeunes ; raideurs, fragilité osseuse, perte de l'appétit chez les adultes.	6
Carence en cobalt		Atteint les ruminants au pâturage dans beaucoup de régions du monde ; l'amaigrissement peut être léger à prononcé, voire mortel.	6
Carence en cuivre	*	Atteint les ruminants au pâturage dans beaucoup de régions du monde ; les signes cliniques comprennent une anémie, une croissance ralentie, une dépigmentation des poils et des diarrhées.	6
Carence en sodium		Les parcours carencés en sodium existent partout et sont fréquents en Afrique ; le besoin de sel pousse à la consommation d'urine ou de terre (pica), au léchage des pelages, etc.	6
(Grande) douve du foie des ruminants (fasciolose, distomatose)	*	Atteint les bovins de tous âges ; l'infection survient en pâturant à proximité de milieux abritant des escargots aquatiques ; les signes peuvent comprendre une anémie et un œdème sous-maxillaire ; maladie parfois mortelle.	5
(Petite) douve du foie (dicrocœliose)	*	Maladie peu commune rappelant la fasciolose.	5
Helminthoses digestives des ruminants (gastro-entérite parasitaire, vers digestifs)	*	Problème majeur des ruminants, en particulier sur des parcours surpâturés ; les individus de tous âges sont sensibles, mais les jeunes sont les plus affectés.	5

Tableau 5.5. suite

Maladies	Diarrhée	Tableaux épidémiologique et clinique	Chap. vol. 2
Malnutrition (dénutrition)		Généralement liée au surpâturage après une période de sécheresse, etc. ; peut connaître des complications lorsque d'autres problèmes sont associés (par ex. parasites internes).	6
Paratuberculose (entérite paratuberculeuse)	*	Maladie sporadique, peu courante dans les régions intertropicales ; atteint des adultes ; maladie amaigrissante chronique provoquant des diarrhées nauséabondes ; généralement mortelle.	1
Péripneumonie contagieuse bovine		Maladie cachectisante majeure ; les lésions parfois très étendues des poumons et de la plèvre peuvent entraîner une atteinte de l'état général et un amaigrissement marqués.	1
Peste bovine	*	Maladie contagieuse et généralement mortelle ; fièvre, diarrhée, écoulements au niveau des yeux et du nez, hypersalivation ; dégradation importante de l'état général avant la mort.	1
Schistosomose	*	Atteint les bovins pâturant près de milieux abritant des escargots aquatiques.	5
Sénéciose	*	Intoxication par consommation de plantes du genre *Senecio* ; généralement une maladie chronique due à des lésions hépatiques ; parfois intoxication aiguë mortelle.	6
(Infestation par des) tiques		L'excès de tiques constitue une cause fréquente de dégradation de l'état général.	3
Trypanosomoses		Maladie chronique cachectisante majeure ; transmise par des mouches tsé-tsé en Afrique subsaharienne et par des mouches piqueuses aux buffles en Asie.	4
Tuberculose		Maladie chronique cachectisante majeure ; les poumons sont fréquemment atteints, entraînant des difficultés respiratoires et une toux chronique.	1

Tableau 5.6. Les maladies des ovins et des caprins caractérisées par une dégradation de l'état général.

Maladie	Diarrhée	Tableaux épidémiologique et clinique	Chap. vol. 2
Adénomatose pulmonaire des ovins (jaagsiekte)		Maladie lente et progressive des ovins entraînant l'apparition de tumeurs sur les poumons ; respiration de plus en plus difficile et mort après plusieurs mois ; test dit « de la brouette » positif.	1
Carence en cobalt		Atteint les ruminants au pâturage dans beaucoup de régions du monde ; variable.	6

···/···

Tableau 5.6. suite

Maladie	Diarrhée	Tableaux épidémiologique et clinique	Chap. vol. 2
Carence en cuivre	*	Atteint les ruminants au pâturage dans beaucoup de régions du monde ; les signes cliniques comprennent une anémie, une croissance ralentie, une ataxie des nouveau-nés *(sway-back)* et une diarrhée chronique.	6
Coccidiose	*	Atteint les jeunes animaux élevés dans des conditions de surpopulation ; diarrhée contenant du sang et du mucus ; maladie rarement mortelle ; dans certains cas graves, la convalescence prolongée peut avoir des répercussions sur la croissance.	1
(Petite) douve du foie (dicrocœliose)	*	Maladie peu courante ; survient chez des animaux pâturant à proximité de milieux infestés par des escargots en régions sèches. Parasite peu pathogène, amaigrissement limité.	5
(Grande) douve du foie (fasciolose)	*	Atteint les animaux de tous âges ; survient à l'occasion de pâturage dans des milieux abritant des escargots aquatiques ; anémie et œdème sous-maxillaire ; peut être mortelle ; les ovins, qui paissent plutôt au sol, sont plus exposés.	5
Fièvre catarrhale du mouton *(bluetongue)*	*	Maladie transmise par des moucherons *(Culicoides)* ; répandue dans le monde ; les ruminants indigènes sont rarement affectés tandis que les animaux provenant d'autres régions peuvent souffrir d'une forme grave ; fièvre, écoulements au niveau des yeux, du nez et de la bouche, œdème des lèvres, de la langue ou de la tête tout entière, boiterie.	4
Gales		Les infestations d'acariens responsables de gales de la peau sont susceptibles de produire des démangeaisons intenses et un affaiblissement de l'animal ; les ovins sont particulièrement sensibles à *Psoroptes,* l'agent de la gale du mouton.	3
Hæmonchose		Une des principales strongylose digestive des ovins et caprins au pâturage ; les jeunes sont particulièrement sensibles ; anémie, dégradation de l'état général, retard de croissance et mort dans les cas graves.	
Helminthes digestifs des ruminants (gastro-entérite parasitaire, vers digestifs)	*	Problème majeur des ruminants au pâturage, en particulier sur des parcours fortement pâturés ; atteint les animaux de tous âges, mais les jeunes sont les plus sensibles ; les ovins sont plus exposés.	5
Maedi (pneumonie interstitielle progressive)		Maladie d'évolution lente, progressive et mortelle des ovins adultes et parfois des caprins ; les signes cliniques rappellent ceux de l'adénomatose pulmonaire mais le test « de la brouette » est négatif.	1

Tableau 5.6. suite

Maladie	Diarrhée	Tableaux épidémiologique et clinique	Chap. vol. 2
Malnutrition (dénutrition)		Généralement due au surpâturage après une période de sécheresse, etc. ; peut connaître des complications lorsque d'autres problèmes sont associés (par ex. parasites internes) ; les ovins sont plus exposés que les caprins.	6
Paratuberculose (entérite para-tuberculeuse)	*	Maladie sporadique, peu courante dans les régions intertropicales ; atteint les adultes ; maladie chronique affaiblissante entraînant des diarrhées fétides, généralement mortelle.	1
Pédiculose (poux)		Infestation de poux sur la peau ; les charges parasitaires importantes sont responsables de démangeaisons et de stress ; souvent associée à des animaux en mauvaise santé maintenus dans des conditions de surpeuplement.	3
Schistosomose	*	Atteint les ruminants pâturant à proximité de milieux abritant des escargots aquatiques ; diarrhée contenant éventuellement du sang et du mucus.	5
Tremblante du mouton		Maladie progressive et mortelle des ovins adultes et occasionnellement des caprins ; troubles nerveux discrets s'aggravant sur une durée de plusieurs mois, associés à d'intenses démangeaisons de la peau.	1
Tuberculose		Maladie affaiblissante ; les ovins sont relativement résistants mais les caprins sont parfois affectés ; atteint souvent les poumons, en entraînant des difficultés respiratoires et une toux chronique.	1
Trypanosomoses		Maladies transmises par des mouches tsé-tsé ; relativement peu fréquentes chez les petits ruminants ; anémie chronique, dégradation de l'état général et parfois mort.	4
Variole des ovins (clavelée) et variole des caprins		Répandue dans le monde entier ; atteint les animaux de tous âges mais les jeunes sont plus gravement affectés ; fièvre, écoulements au niveau des yeux, du nez et de la bouche, éruptions cutanées papulovésiculeuses ou nodulaires dans les zones fines et glabres de la peau ; peut être mortelle.	1
Visna		Même infection que le maedi ; le virus attaque le cerveau, entraînant troubles nerveux, incoordination, paralysie et mort ; atteint les ovins à partir de 2 ans.	1

Les lésions cutanées

La peau des animaux en bonne santé est lisse, sans grosseurs internes ou sous-jacentes. Les animaux domestiques, sous les tropiques, sont fréquemment exposés à des arthropodes parasitant la peau (voir le chapitre 3), dont certains sont responsables de démangeaisons, ou prurit.

Les démangeaisons cutanées sont le plus souvent faciles à repérer, les animaux tentant de se soulager en se frottant contre des objets ou en se mordillant la peau. La présence de plages de peau rougies, où le poil ou la laine tend à se raréfier, doit faire penser à des frottements suscités par un prurit.

La description des lésions cutanées provoquées par les diverses maladies pourrait faire l'objet d'un volume entier et, en outre, le diagnostic exige ici un grand savoir-faire et une longue expérience. Pour rester dans l'objectif du présent ouvrage, les lésions cutanées sont classées en boutons ou nodules (dans la peau ou au-dessous), croûtes, œdèmes et épaississements.

Les lésions cutanées étendues présentes sur le corps sont généralement faciles à voir, mais certaines maladies n'induisent de lésions qu'au niveau des extrémités (oreilles, nez, lèvres, queue, pieds et partie inférieure des membres). Ces lésions peuvent rester inaperçues si l'animal n'est pas examiné avec attention. Les maladies qui entraînent des lésions cutanées caractéristiques figurent dans les tableaux 5.7 à 5.10.

▐▶ Les boutons et les nodules

La mise en évidence des boutons et des nodules dépend de leur nombre, de leur taille et de l'épaisseur du pelage. Le seul examen visuel ne suffit pas : il est nécessaire de passer la main sur la peau des animaux pour percevoir les éventuelles irrégularités détectables en surface. Lorsque des boutons ont été repérés, il convient de déterminer, par palpation et pincement de la peau, si ils sont situés en surface, dans l'épaisseur de la peau ou sous la peau.

La présence de grosseurs ou de nodules sous la peau peut signaler des réactions du système lymphatique. Ce dernier a un rôle central dans les mécanismes complexes dont disposent les animaux pour se défendre contre les micro-organismes infectieux ; il comporte un réseau de ganglions et de vaisseaux lymphatiques qui amènent les lymphocytes — des cellules ayant une fonction clé dans le système immunitaire — à circuler dans le sang et les autres tissus. Ce réseau s'étend dans tout l'organisme. Les ganglions lymphatiques qui sont placés juste sous la peau sont dits superficiels (voir la figure 5.1). Certaines infections entraînent une réaction telle que les ganglions, devenus nettement plus gros, deviennent palpables. Les vaisseaux lymphatiques qui les relient entre eux peuvent également présenter une inflammation

et un épaississement (lymphangite, voir les figures 1.3 et 1.9 du volume 2), qui se manifestent extérieurement par l'apparition de renflements alignés en « cordes » sous la peau.

Il existe d'autres affections qui se manifestent par la formation de grosseurs sous la peau : abcès, tumeurs, etc. D'autres maladies se traduisent par l'apparition de nodules dans l'épaisseur de la peau, telles que la dermatose nodulaire contagieuse des bovins (voir la figure 4.1 du volume 2) et les varioles ovine, caprine ou porcine (voir la figure 5.2).

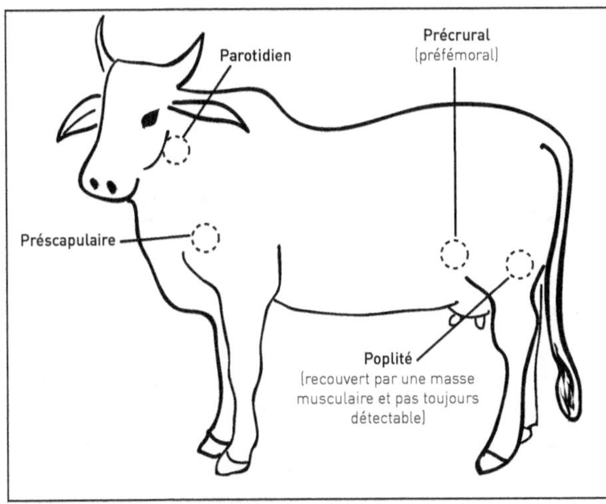

Figure 5.1. Répartition des ganglions lymphatiques superficiels susceptibles d'augmenter de taille sous l'influence de certaines maladies.

Figure 5.2. Nodules saillants de la variole chez un porcelet (cliché Gourreau J.M.).

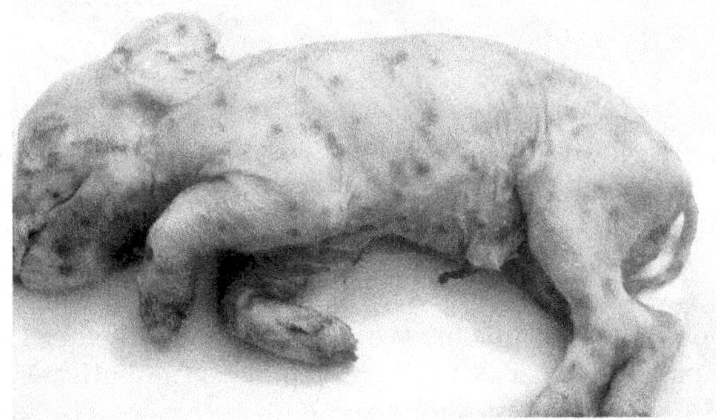

▶ Les croûtes

Comme les grosseurs et les nodules, les croûtes ne sont pas toujours visibles. Elles peuvent être détectées au toucher ou en écartant la laine ou le poil. En cas de lésions de ce type, il est important de déterminer si elles sont une source de démangeaison, car ce caractère constitue un indice important pour le diagnostic. La gale sarcoptique (voir la figure 2.2) et la dermatophilose (voir le chapitre 1, volume 2) sont des exemples de maladies pour lesquelles la formation de croûtes est caractéristique.

▶ Les œdèmes

Un œdème correspond à une accumulation de liquide dans les tissus, dont les causes sont variées. Au niveau de la peau, on observe une tuméfaction qui cède sous le doigt et laisse une dépression qui ne disparaît qu'au bout de quelques secondes. Un exemple bien connu en est l'œdème sous-maxillaire (œdème de l'auge ou signe de la « bouteille ») caractéristique de la fasciolose et d'autres maladies (voir le chapitre 5, volume 2).

▶ L'urticaire et la dermite estivale des équidés

Ces deux affections cutanées correspondent à des réactions allergiques et sont susceptibles de survenir partout dans le monde. L'urticaire, qui peut affecter de manière sporadique tout animal domestique, s'observe surtout chez le cheval. Divers agents (allergènes) peuvent en être à l'origine. Des plaques œdémateuses de taille variée apparaissent brutalement en n'importe quel point du corps, dans les minutes ou les heures qui suivent l'exposition à l'allergène. Les symptômes sont parfois alarmants et, dans les cas graves, l'animal peut éprouver une grande détresse, mais les signes cliniques disparaissent habituellement sans traitement aussi rapidement qu'ils sont survenus.

La dermatite prurigineuse ou dermatite estivale est une réaction allergique spécifique aux équidés qui fait suite à une exposition à des piqûres de moucherons *Culicoides*. Elle se caractérise par une inflammation et un prurit intense de la peau au niveau de la crinière, de la queue et du ventre. Elle survient généralement pendant les mois les plus chauds, lorsque les moucherons sont actifs, et la sensibilité des animaux augmente avec leur âge. Seuls quelques individus d'un troupeau sont sensibles et susceptibles d'être affectés.

Tableau 5.7. Les maladies de la peau et des extrémités des bovins.

Maladie	Type de lésion				Tableaux épidémiologique et clinique	Vol. chap.
	[1]	[2]	[3]	[4]		
Besnoitiose		*		*	Maladie sporadique ; de bénigne (peu de nodules) à grave (nombreux nodules, parfois mort) ; lésions fréquentes au niveau du scrotum et des yeux.	2-4
Cancer de la corne				*	Le plus souvent observé chez les zébus castrés de race Hariana, et parfois chez d'autres races et chez les buffles ; la corne tombe à la suite d'un cancer du cornillon.	2-6
Dermatobiose (à *Dermatobia hominis, torsalo*)		*		*	En Amérique tropicale. Les larves de cette mouche percent les tissus sous-cutanés ; gonflements douloureux entraînant une dégradation de l'état général et une perte de la valeur du cuir.	2-3
Dermatophilose			*		Maladie favorisée par les morsures de tiques du genre *Amblyomma*, caractérisée par la présence de croûtes souvent sur la ligne du dos puis le cou et la tête, et pouvant couvrir de grandes surfaces et entraîner une dégradation de l'état général et la mort.	2-1
Dermatose nodulaire cutanée des bovins		*			Maladie virale transmise par des insectes piqueurs ; fièvre et écoulements au niveau des yeux et du nez, puis apparition de nodules dans l'épaisseur de la peau ; peut concerner toute la surface du corps, les muqueuses externes voire certains organes internes dans les formes les plus graves (animaux exotiques) ; maladie affaiblissante mais rarement mortelle sauf chez les jeunes veaux.	2-4
Pseudodermatose nodulaire		*			Maladie transmise par des mouches piqueuses ; signes cliniques rappelant ceux de la dermatose nodulaire mais beaucoup plus légers ; généralement inoffensive et bénigne.	2-4
Dyshidrose tropicale				*	Toxicose associée à des tiques, atteint les veaux ; fièvre, hypersalivation, écoulements au niveau des yeux et du nez, eczéma cutané humide étendu ; peut être grave, voire mortelle.	2-4
Eczéma facial			*		Mycotoxicose occasionnelle provenant de débris végétaux contaminés dans les parcours ; provoque une photosensibilisation rappelant l'intoxication au *Lantana*.	2-6

[1] Prurit. [2] Nodules. [3] Croûtes. [4] Lésions infectées.

…/…

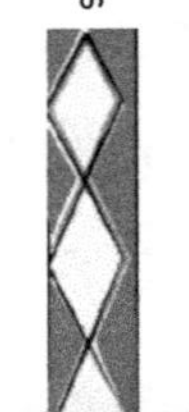

Tableau 5.7. suite

Maladie	Type de lésion				Tableaux épidémiologique et clinique	Vol. chap.
	[1]	[2]	[3]	[4]		
Ergotisme			*		Mycotoxicose ; provient généralement du seigle ou d'autres céréales ; nécrose des extrémités (pieds, lèvres, bout des oreilles, queue) entraînant des boiteries.	2-6
Farcin des bovins		*			Maladie chronique commune se manifestant par une inflammation suppurative des ganglions et des trajets lymphatiques avec formation de nodules, sur le cou et les membres le plus souvent. L'infection peut parfois se généraliser et entraîner la mort de l'animal.	2-1
Gale	*		*		Démangeaisons intenses provoquées par des acariens vivant dans la peau ; généralement au niveau de la tête, du cou et des membres ; souvent associée à des conditions de surpeuplement et à un manque d'hygiène.	2-3
Gale démodécique (à *Demodex*)		*	*	*	Type particulier de gale ; provoque des dépilations, des squames, de la séborrhée ou des nodules suppurés (pyodémodécie) au niveau de la tête, du cou et des membres antérieurs ; distinct des autres types de gale ; pas de démangeaisons.	2-3
Hypodermes (mouche du varron, *Hypoderma*)		*			Inféodés au climat tempéré de l'hémisphère nord ; observables sur des animaux importés dans la zone intertropicale ; larves de mouche migrant dans différents tissus de l'organisme pour émerger au niveau dorsolombaire en formant des nodules ; entraîne une perte de valeur du cuir.	2-3
Intoxication au *Lantana*			*		Arbuste d'ornement qui s'est répandu dans la nature ; photosensibilisation avec inflammation et craquèlement des peaux peu pigmentées qui pèlent ; peut être grave et s'accompagner d'un ictère.	2-6
Myiase à calliphoridés				*	Peu courante ; infestation de plaies, etc. par des larves de mouches ; les myiases peuvent être extrêmement pénibles pour les animaux atteints.	2-3
Myiase à *Cochliomyia* (lucilie bouchère) en Amérique du Sud et Amérique centrale et à *Chrysomya* en Afrique et Asie				*	Les larves, en forme de vis, s'enfoncent dans des plaies cutanées ; lorsqu'elles sont nombreuses, l'infestation produit une lésion malodorante de grande taille. En particulier, la lucilie bouchère entraîne de lourdes pertes.	2-3

Tableau 5.7. suite

Maladie	Type de lésion				Tableaux épidémiologique et clinique	Vol. chap.
	[1]	[2]	[3]	[4]		
Onchocercose		*			Maladie causée par des petits vers propagés par des mouches et des moucherons ; les larves (microfilaires) produisent des petits nodules sous-cutanés bénins.	**2**-4
Pédiculose (poux)	*				Infestation par des poux ; les charges parasitaires importantes entraînent des démangeaisons et du stress ; associée à des animaux en mauvais état sanitaire et à des conditions de surpeuplement.	**2**-3
Plaies de harnachement	*	*			Lésions sur le corps dues à un harnachement mal ajusté ou inadapté ; les plages de peau à vif peuvent s'infecter et devenir douloureuses.	**2**-6
Puces (*Ctenocephalides felis strongylus*)					Infestations massives en régions tropicales relativement humides des chiens et chats, mais aussi des animaux de ferme, des veaux, des petits ruminants, etc. (Madagascar, Côte d'Ivoire, entre autres).	**2**-3
Septicémie gangreneuse (gangrène gazeuse)				*	Maladie souvent sporadique mais pouvant être endémique dans certaines régions (Madagascar, par exemple) ; infection de plaies contaminées ; gonflements chauds et douloureux, odeur putride (gangrène gazeuse) ; souvent mortelle.	**2**-6
Stéphanofilariose	*	*			Infestation de vers propagés par des mouches ; produit de petites grosseurs qui suintent et saignent sur une période de plusieurs mois, entraînant un épaississement de la peau.	**2**-4
Teigne			*		Mycose (infection par un champignon) ; produit des dépilations puis des croûtes saillantes grisâtres, circulaires, le plus souvent sur la tête et le cou ; habituellement associée à des conditions de surpeuplement.	**2**-1
Urticaire		*			Réaction allergique aiguë ; placards enflés sur n'importe quelle partie du corps ; disparaît généralement en quelques heures.	**1**- 4 p. 78

[1] Prurit. [2] Nodules. [3] Croûtes. [4] Lésions infectées.

Tableau 5.8. Les maladies de la peau et des extrémités des ovins et des caprins.

Maladies	Tableaux épidémiologique et clinique	Chap. vol. 2
Besnoitiose	Maladie peu courante ; atteint les caprins au Kenya ; kystes sur les oreilles, les yeux et les organes génitaux.	4
Dermatophilose	Répandue dans le monde ; chez les ovins à laine, les croûtes qui se développent sous la toison restent cachées, mais celles de la face et des oreilles sont bien visibles ; chez les caprins, lésions sur les lèvres, le bout du nez, les pieds et le scrotum.	1
Ecthyma contagieux	Maladie fréquente ; croûtes à vif, douloureuses, saignantes, en particulier sur la tête et la bouche (chevreaux et agneaux), les pieds (animaux plus âgés) ou les mamelles des femelles allaitantes.	1
Eczéma facial	Photosensibilisation due à une mycotoxicose causée par un champignon se développant sur les débris végétaux des parcours en élevage intensif ; inflammation et craquèlement de la peau, surtout au niveau de la tête.	6
Ergotisme	Mycotoxicose ; provient généralement du seigle ou d'autres céréales ; nécrose des extrémités (pieds, lèvres, bout des oreilles, queue) entraînant des boiteries.	6
Fièvre catarrhale du mouton (*bluetongue*)	Répandue dans toutes les régions chaudes ; maladie grave chez les races ovines de régions indemnes ; fièvre, écoulements au niveau des yeux, du nez et de la bouche, œdème des lèvres, de la langue ou de la tête tout entière, boiterie et morcellement de la toison. La maladie est beaucoup moins grave chez les caprins (tandis que les bovins jouent le rôle de réservoir inapparent).	4
Gale	Infestation de la peau par des acariens ; peut entraîner un prurit intense et un affaiblissement de l'animal atteint ; les ovins sont particulièrement sensibles à *Psoroptes ovis*, agent responsable de la gale généralisée du mouton.	3
Gale démodécique (à *Demodex*)	Type de gale particulier ; épaississement nodulaire des caprins sur la tête, le cou et les membres antérieurs ; pas de prurit, contrairement aux autres gales.	3
Grosse tête (*big head*)	Atteint les jeunes béliers ; infection des tissus de la tête endommagés par les combats ; gonflements au niveau de la tête, en particulier autour des yeux, des oreilles, du bout du nez et de la mâchoire inférieure.	6
Lymphadénite caséeuse	Maladie commune ; infection chronique avec abcès des ganglions lymphatiques ; les ganglions lymphatiques superficiels situés sous la peau peuvent perforer et exsuder un pus épais verdâtre.	1
Myiase à calliphoridés	Infestation de plaies, de la laine souillée par des excréments, etc. par des larves de mouches calliphoridés ; peut entraîner des lésions malodorantes ; problème concernant essentiellement les ovins.	3

Tableau 5.8. suite

Maladies	Tableaux épidémiologique et clinique	Chap. vol. 2
Maladie de la frontière *(border disease)*	Maladie peu courante ; les agneaux infectés *in utero* présentent une toison hirsute et pigmentée ainsi que des mouvements saccadés involontaires.	2
Pédiculose (poux)	Infestation de poux sur la peau ; suscitent des démangeaisons et du stress lorsqu'ils sont présents en grand nombre ; affection liée à un état sanitaire déficient et à des conditions de surpeuplement.	3
Photosensibilisation par intoxication	Intoxication du foie par consommation de plantes telles que *Tribulus terrestris* ; inflammation et fissuration des peaux peu pigmentées ; peut prendre une forme grave, avec ictère.	6
Puces *(Ctenocephalides felis strongylus)*	Infestations massives des ovins en régions tropicales relativement humides (Madagascar, Côte d'Ivoire, entre autres).	3
Septicémie gangreneuse (gangrène gazeuse)	Peu courante ; infection de plaies contaminées ; gonflements chauds et douloureux, odeur putride (gangrène gazeuse) ; souvent mortelle.	6
Teigne	Mycose peu courante ; croûtes surélevées grisâtres, circulaires, le plus souvent sur la tête et le cou ; généralement associée à des conditions de surpeuplement.	1
Variole des ovins (clavelée) et variole des caprins	Maladies répandues dans le monde ; atteignent les animaux de tous âges mais les jeunes sont les plus affectés ; fièvre et éruptions cutanées papulovésiculeuses ou nodulaires dans les zones à peau fine et glabre ; peuvent être mortelles.	1

Tableau 5.9. Les maladies de la peau et des extrémités des porcins.

Maladies	Tableaux épidémiologique et clinique	Vol. chap.
Ergotisme	Maladie peu courante ; intoxication par un champignon du seigle et d'autres céréales ; nécrose des extrémités (pieds, bout des oreilles, queue, etc.).	2-6
Fièvre aphteuse	Maladie très contagieuse ; l'apparition de vésicules sur le groin peut faire partie des signes cliniques.	2-1
Gale sarcoptique	Démangeaisons et épaississements cutanés ; atteint surtout les oreilles mais peut se répandre à d'autres parties du corps ; les truies galeuses sont souvent une source d'infection pour leur progéniture.	2-3

…/…

Tableau 5.9. suite

Maladies	Tableaux épidémiologique et clinique	Vol. chap.
Pédiculose (poux)	Fréquente chez les porcs maintenus à l'intérieur ou en conditions confinées ; souvent tolérée, mais les charges parasitaires importantes peuvent entraîner des démangeaisons et du grattage.	**2**-3
Peste porcine africaine	Maladie infectieuse majeure ; dans la forme aiguë, les signes cliniques comprennent fièvre, incoordination et plaques cutanées rouges, surtout sur les extrémités.	**2**-1
Peste porcine classique	Maladie infectieuse majeure cliniquement identique à la peste porcine africaine.	**2**-1
Rouget aigu (érysipèle)	Maladie courante ; placards cutanés rouges caractéristiques, enflés, souvent en forme de losange, sur les oreilles, le cou, le bas-ventre et l'intérieur des cuisses.	**2**-1
Rouget chronique (érysipèle)	Signes cliniques moins nets que dans la forme aiguë ; peut s'accompagner d'une chute des poils, d'un épaississement de la peau et d'une desquamation du bout des oreilles et de la queue.	**2**-1
Septicémie gangreneuse (gangrène gazeuse)	Affection peu commune mais souvent mortelle ; infection par contamination de plaies cutanées, seringues, etc. ; gonflements chauds et douloureux émettant une odeur putride.	**2**-6
Teigne	Mycose peu commune ; le plus souvent associée à des conditions surpeuplées prolongées ; lésions en croûtes circulaires, généralement sur le dos et les flancs.	**2**-1
Variole porcine	Variole cutanée bénigne transmise par les poux et les mouches stomoxes ; atteint généralement les porcelets avant ou juste après le sevrage ; lésions sur la peau et dans la bouche ; guérissent habituellement en 5 à 6 semaines.	**1**- 5 p. 77

Tableau 5.10. Les maladies de la peau et des extrémités des équidés.

| Maladie | Type de lésion | | | | Tableaux épidémiologique et clinique | Vol. |
	[1]	[2]	[3]	[4]		chap.
Anémie infectieuse des équidés				*	Maladie transmise par des mouches piqueuses ; fièvre, écoulements au niveau des yeux et des naseaux, œdèmes sur l'abdomen, les membres et le fourreau chez l'étalon.	**2**-4
Besnoitiose		*			Maladie peu courante ; kystes parasites dans la peau, les yeux et le scrotum ; généralement bénigne.	**2**-4
Brucellose					Rare ; infection à *Brucella* au garrot (garrot fistuleux) ou à la nuque ; inflammation, rupture et suppuration.	**2**-1
Dermatite prurigineuse	*		*		Réaction aux piqûres de moucherons *Culicoides* ; prurit avec écoulements humides et croûtes au niveau de la crinière, de la queue et du ventre.	**1**-5 p. 78
Dermatophilose			*		Croûtes sur la tête et sur la partie inférieure des membres, s'étendant à l'ensemble du corps dans les cas graves.	**2**-1
Dourine				*	Maladie vénérienne ; œdèmes des parties génitales pouvant s'étendre le long de l'abdomen ; plaques œdémateuses possibles sur le corps.	**2**-2
Gale sarcoptique	*				Affection peu commune, prurigineuse, causée par des acariens et touchant la tête, le cou et les membres ; généralement dans les élevages surpeuplés et à l'hygiène insuffisante.	**2**-3
Lymphangite épizootique		*			Infection le long du trajet des vaisseaux lymphatiques de la tête, du cou, des épaules et des membres ; nodules et abcès purulents.	**2**-1
Lymphangite ulcéreuse		*			Nodules, abcès et ulcères douloureux se développant lentement sur la partie inférieure des membres, s'étendant parfois plus haut.	**2**-1
Morve (forme cutanée)		*			Maladie peu commune, souvent chronique ; des nodules douloureux se fistulent et laissent des cicatrices ; tend à se concentrer sur les membres.	**2**-1
Onchocercose		*			Maladie transmise par des mouches et des moucherons ; les larves (microfilaires) produisent des petits nodules sous-cutanés bénins sur le cou et la partie inférieure des membres.	**2**-4

[1] Prurit. [2] Nodules. [3] Croûtes. [4] Œdèmes.

.../...

Tableau 5.10. suite

Maladie	Type de lésion				Tableaux épidémiologique et clinique	Vol. chap.
	[1]	[2]	[3]	[4]		
Pédiculose (poux)	*				Les charges parasitaires importantes sont source de démangeaisons et de stress ; maladie liée au surpeuplement des élevages et à des animaux en mauvais état sanitaire.	**2**-3
Plaies de harnachement			*		Lésions provenant d'un harnachement inadapté ou mal ajusté ; les plages de peau à vif peuvent s'infecter et devenir douloureuses.	**2**-6
Plaies d'été		*	*		Les larves de certaines mouches, déposées autour des yeux, des lèvres, des naseaux et des plaies, entraînent des lésions qui se recouvrent de croûtes et s'ulcèrent.	**2**-4
Teigne			*		Maladie peu commune en zones sèches, commune en zones humides ; croûtes surélevées, grisâtres, circulaires, le plus souvent sur la tête et le cou ; associée à des conditions surpeuplées.	**2**-1
Trypanosomose				*	Transmise par des glossines ; anémie chronique et dégradation de l'état général ; les parasites investissent parfois les tissus cutanés en y provoquant la formation d'oedèmes.	**2**-4
Urticaire		*			Réaction allergique aiguë ; plaques enflées survenant brutalement en n'importe quelle partie du corps ; disparaît habituellement après quelques heures.	**1**- 5 p. 78

[1] Prurit. [2] Nodules. [3] Croûtes. [4] Œdèmes.

Les écoulements des orifices de muqueuses de la tête

Plusieurs maladies importantes se traduisent par des écoulements au niveau des orifices de la tête qui sont en contact avec des muqueuses (les yeux, les narines et la bouche). Il faut observer si ces écoulements ne concernent qu'un seul type d'orifice (par exemple les yeux) ou au contraire s'ils se produisent en plusieurs endroits : cela permet de trancher entre une infection localisée — une infection de l'œil par exemple — et une maladie globale touchant plusieurs systèmes de l'organisme, tels que les systèmes digestifs et respiratoires. Les écoulements des yeux ou des narines peuvent être unilatéraux ou bilatéraux, ce qui, ici encore, permet d'estimer l'étendue des zones affectées.

Comme indiqué au chapitre 4, les muqueuses constituent un élément de défense contre les agents pathogènes qui sont piégés par le mucus qu'elles sécrètent. La présence d'un écoulement provenant des muqueuses observables signale que ces dernières réagissent à une agression, souvent due à des microbes. Les écoulements peuvent être transparents (séreux) ou bien, lorsqu'il y a une augmentation significative de la sécrétion de mucus visqueux, mucoïdes. Lorsque les muqueuses subissent des atteintes sévères, elles peuvent s'infecter et produire un pus jaunâtre ou verdâtre, qui se déverse alors sous la forme d'un écoulement purulent. Un écoulement purulent mêlé à du mucus est qualifié de mucopurulent.

Les écoulements qui se produisent au niveau des yeux et du nez sont habituellement visibles au premier coup d'œil. Ceux qui affectent la bouche peuvent correspondre à une production accrue de salive ; aussi convient-il de considérer comme suspect toute augmentation du flux salivaire (voir la figure 1.1).

Les signes de maladie respiratoire

La présence d'un écoulement, ou jetage, nasal peut signaler une maladie respiratoire touchant les poumons ou les voies aériennes supérieures. Il est donc pertinent de traiter les signes cliniques respiratoires en même temps que les écoulements nasaux : ces deux symptômes ont par conséquent été regroupés dans certains des tableaux suivants.

Le signe clinique le plus évident d'une maladie respiratoire est sans doute la toux. Cette manifestation est le résultat d'une irritation de la surface interne de la trachée et des bronches, voies aériennes inférieures joignant chacun des poumons à la trachée. La toux est une réaction réflexe, involontaire, destinée à expectorer des éléments étrangers présents dans ces voies respiratoires ; une toux persistante indique que ces organes sont affectés par une maladie. En cas de doute sur l'existence de la toux chez un animal, il est possible d'avoir recours à un test simple. La palpation de la partie supérieure de la trachée n'entraîne aucune réaction chez un animal sain, mais déclenche une toux s'il y a une inflammation ou d'une irritation de la trachée.

Les maladies affectant les poumons et la paroi interne de la cavité thoracique entraînent des difficultés respiratoires désignées sous le terme de dyspnée. Le souffle léger, à peine discernable et rythmé à trois temps décrit dans le chapitre précédent est altéré en une respiration haletante comportant peu ou pas de pause après l'expiration. Selon le degré de gravité, la respiration peut devenir rauque et bruyante ; la douleur peut se traduire par l'émission concomitante de gémissements gutturaux. Les animaux affectés adoptent parfois des mouvements ou des postures particulières dans le but de faciliter leur respiration : dilatation des naseaux, respiration par la bouche, étirement de la tête et du cou en avant ou pivotement des coudes vers l'extérieur (voir la figure 5.3). Le rythme respiratoire peut s'accélérer, mais cela ne constitue pas en soit un signe de maladie pulmonaire : les animaux fiévreux sont en effet susceptibles de respirer plus rapidement et, en outre, ainsi qu'il a déjà été souligné au chapitre précédent, les animaux en bonne santé présentent également une fréquence respiratoire plus élevée lors de l'exercice ou lorsque les températures ambiantes sont importantes.

Les inflammations du tissu pulmonaire, ou pneumonies, font également partie des maladies respiratoires. Lorsque la pneumonie s'étend jusqu'à englober les plèvres, les fines membranes qui tapissent la surface des poumons et l'intérieur de la paroi thoracique, on parle de péripneumonie, ou pleuropneumonie, maladie qui, généralisée, peut devenir grave et douloureuse (voir le chapitre 1, volume 2).

N.B. : Les maladies pulmonaires ne se traduisent pas toujours par les signes cliniques qui sont décrits ici. Il arrive que des animaux développent une pneumonie qui n'est révélée que lors de l'abattage. La capacité des poumons est en effet plus que suffisante pour les activités ordinaires : une pneumonie légère est donc tolérée tant que les animaux atteints ne sont pas soumis à un stress ou à une surcharge de travail.

Figure 5.3.
Péripneumonie contagieuse bovine :
remarquer le pivotement des coudes
vers l'extérieur et l'extension de la tête
visant à faciliter la respiration
(cliché Cirad).

Les maladies caractérisées par des écoulements au niveau des yeux, du nez ou de la bouche ainsi que par des symptômes respiratoires figurent dans les tableaux 5.11 à 5.15.

Tableau 5.11. Les maladies des bovins caractérisées par une respiration laborieuse ou accélérée.

Maladie	Toux	Fièvre	Jetage nasal	Tableaux épidémiologique et clinique	Chap. vol. 2
Anaplasmose		*		Maladie cosmopolite transmise par des tiques, très importante chez les animaux d'origine exotique, souvent mortelle ; accélération de la respiration dans les cas aigus.	4
Broncho-pneumonie vermineuse (strongles respiratoires)	*			Affection pulmonaire chronique des animaux au pâturage ; rare dans les régions intertropicales, toux, respiration rapide et dyspnéique.	5
Coryza gangreneux		*	*	Maladie saisonnière sporadique ; l'obturation des naseaux par les écoulements force l'animal à respirer par la bouche. La mort est de règle.	1
Cowdriose		*		Maladie transmise par des tiques ; les cas aigus présentent fréquemment des œdèmes des poumons.	4
Empoisonnement au cyanure				Survient à la suite de la consommation de jeunes pousses d'espèces de plantes cyanogénétiques (par ex. le sorgho) ; généralement mortel.	6
Empoisonnement aux nitrates ou aux nitrites				Survient à la suite de la consommation de fourrage ayant été produit avec beaucoup d'engrais ; peut entraîner une mort rapide ; muqueuses de couleur bleue.	6
Météorisation				Ballonnement du flanc gauche par des gaz produits dans le rumen qui compriment la cage thoracique ; respiration laborieuse dans les cas graves.	6
Pasteurellose par stress (fièvre des transports)	*	*	*	Survient à la suite d'un facteur de stress chez un porteur sain ; souvent mortelle si non traitée.	6
Péripneumonie contagieuse bovine	*	*		Maladie pulmonaire contagieuse de premier plan ; toux, jetage spumeux, respiration fortement dyspnéique et discordante, souvent mortelle.	1
Theilériose à *Theileria parva* (*East coast fever,* fièvre rhodésienne)	*	*		Maladie majeure en Afrique de l'Est et centrale ; souvent mortelle ; œdème des poumons produisant une toux grasse.	4
Tuberculose	*			Infection affaiblissante chronique majeure ; lésions fréquentes des plèvres et des poumons.	1

Tableau 5.12. Les maladies des ovins et des caprins caractérisées par une respiration laborieuse ou accélérée.

Maladie	Toux	Fièvre	Jetage nasal	Tableaux épidémiologique et clinique	Chap. vol. 2
Cowdriose (*heartwater*)		*		Maladie transmise par des tiques ; les cas aigus présentent souvent des œdèmes des poumons.	4
Météorisation				Ballonnement du flanc gauche par des gaz produits dans le rumen qui compriment la cage thoracique ; respiration laborieuse dans les cas graves.	6
Pasteurellose	*	*	*	Maladie respiratoire des ovins soumis à un stress ; forme aiguë rapidement mortelle chez les jeunes animaux ; pneumonie chez les animaux plus âgés.	6
Pleuropneumonie contagieuse caprine	*	*	*	Maladie pulmonaire contagieuse majeure des caprins (mycoplasmose) ; toux, respiration rapide et dyspnéique, 60 à 90 % des animaux peuvent succomber lorsqu'un foyer se déclare.	1
Strongles respiratoires des ruminants (broncho-pneumonie vermineuse)	*			Maladie fréquente chez les jeunes ovins dans les régions subtropicales à hivers humides ; peut induire une pneumonie.	5
Tuberculose	*		*	Infection occasionnelle chez les caprins ; l'atteinte des poumons se traduit par une toux chronique et un écoulement nasal.	1

Tableau 5.13. Les maladies des bovins caractérisées par des écoulements au niveau des yeux, des oreilles, du nez ou de la bouche.

Maladie	Ecoulements				Tableaux épidémiologique et clinique	Chap. vol. 2
	Yeux	Oreilles	Nez	Bouche		
Besnoitiose	*		*		Maladie de la peau, sporadique ; au début, rappelle le coryza gangreneux, avec écoulements et gonflement des ganglions lymphatiques.	4
Coryza gangreneux	*		*	*	Survient à la suite d'un contact avec des gnous ou des ovins ; sporadique, habituellement mortelle ; écoulements, fièvre et gonflement des ganglions lymphatiques.	1
Dermatose nodulaire contagieuse	*		*		Maladie nodulaire de la peau transmise par des insectes ; les premiers signes cliniques comprennent de la fièvre et des écoulements au niveau des yeux et du nez.	4
Dyshidrose tropicale	*	*		*	Toxicose sporadique du veau, transmise par des tiques ; eczéma cutané humide, fièvre, écoulements ; parfois mortelle.	4
Fièvre aphteuse				*	Maladie très contagieuse ; apparition de vésicules sur les pieds, dans la bouche et dans d'autres tissus, entraînant une hypersalivation et une boiterie.	1
Fièvre de la vallée du Rift			*	*	Maladie transmise par des moustiques ; les veaux sont les plus sensibles ; fièvre, vomissements, écoulement nasal, collapsus et mort ; avortement des femelles gestantes.	4
Kérato-conjonctivite infectieuse des bovins	*				Infection oculaire des ruminants (*Moraxella*) ; inflammation et ulcération de la conjonctive ; la plupart des individus atteints guérissent spontanément ; occasionnellement, kératite ulcérative.	4
Maladie de Jembrana	*		*	*	Maladie des bovins en Indonésie, cliniquement semblable à la peste bovine (voir plus loin).	4
Maladie des muqueuses			*	*	Maladie sporadique rappelant la peste bovine (voir plus loin) ; généralement mortelle.	2

Tableau 5.13. suite

Maladie	Ecoulements				Tableaux épidémiologique et clinique	Chap. vol. 2
	Yeux	Oreilles	Nez	Bouche		
Pasteurellose par stress (maladie des transports)	*		*		Survient à la suite d'un stress, le plus souvent chez les jeunes bovins ; infection respiratoire susceptible de se compliquer en pneumonie et d'entraîner la mort.	6
Peste bovine	*		*	*	Maladie contagieuse généralement mortelle ; érosion des muqueuses entraînant des écoulements fétides, de la diarrhée et de la fièvre.	1
Rage				*	Survient à la suite d'une morsure infligée par un animal infecté ; troubles nerveux profonds ; hypersalivation et beuglements furieux ; toujours mortelle.	1
Rhinotrachéite infectieuse bovine (IBR)	*		*		Maladie répandue dans le monde ; inflammation des voies aériennes supérieures ; fièvre, écoulements au niveau des yeux et du nez, parfois pneumonie.	2
Schistosomose à *Schistosoma nasale*			*		« Maladie des ronflements » ; infestation parasitaire dans les veines du nez ; atteint les bovins paissant dans un milieu abritant des escargots aquatiques (Asie).	5
Septicémie hémorragique			*	*	Maladie mortelle aiguë, en particulier des buffles ; fièvre, écoulement nasal et hypersalivation avant la mort.	1
Thélaziose oculaire (vers des yeux)	*				Présence de nématodes à la surface des yeux, habituellement bénigne, transmise par des mouches ; provoque parfois une inflammation et une ulcération de l'œil.	4
Tuberculose			*		Maladie chronique affaiblissante majeure ; toux chronique et jetage nasal lorsque les poumons sont touchés.	1
Vers des oreilles (*Rhabditis ovis*)		*			Otite parasitaire des bovins en Afrique de l'Est ; les animaux s'infectent dans des bains détiqueurs contaminés.	5

Tableau 5.14. Les maladies des ovins et des caprins caractérisées par des écoulements au niveau des yeux, du nez ou de la bouche.

Maladie	Ecoulements			Tableaux épidémiologiques	Chap. vol. 2
	Yeux	Nez	Bouche		
Agalactie contagieuse	*			Infection contagieuse des mamelles, des yeux, des articulations et des organes génitaux (chez les mâles) ; les caprins sont plus sensibles.	1
Fièvre aphteuse			*	Maladie très contagieuse ; les lésions buccales sont inconstantes, le seul signe étant souvent constitué par des boiteries.	1
Fièvre catarrhale du mouton (*bluetongue*)	*	*	*	Maladie répandue dans le monde ; atteint gravement les ruminants d'origine exotique ; fièvre, lésions des pieds pouvant entraîner des boiteries.	4
Fièvre de la vallée du Rift		*	*	Maladie transmise par des moustiques ; avortement et mortinatalité chez les femelles gestantes ; forme aiguë chez les jeunes animaux ; fièvre, vomissements, jetage nasal, collapsus et mort.	4
Kérato-conjonctivite infectieuse	*			Infection oculaire entraînant une inflammation et parfois une ulcération ; la plupart des animaux atteints guérissent spontanément.	4
Maladie de Nairobi	*	*		Maladie transmise par des tiques ; fièvre élevée, dysenterie, avortements spontanés, collapsus et mort.	4
Œstres du mouton (œstrose ovine)		*		Plus fréquente chez les ovins que chez les caprins ; les larves de la mouche *Oestrus ovis* dans les cavités nasales et les sinus provoquent des éternuements et un jetage souvent très abondant.	3
Pasteurellose par stress	*	*		Maladie respiratoire des ovins soumis au stress ; forme aiguë rapidement mortelle chez les jeunes animaux ; pneumonie chez les individus plus âgés.	6
Peste bovine	*	*	*	Rappelle la peste des petits ruminants ; concerne surtout les bovins mais certaines souches présentes en Inde sont également pathogènes pour les ovins et les caprins.	1
Peste des petits ruminants	*	*	*	Maladie contagieuse des caprins et des ovins ; pneumonie souvent attribuée à tort à la pasteurellose ; diarrhée et létalité élevée.	1

Tableau 5.14. suite

Maladie	Ecoulements			Tableaux épidémiologiques	Chap. vol. 2
	Yeux	Nez	Bouche		
Schistosomose à *Schistosoma nasale*		*		« Maladie des ronflements » ; infestation parasitaire dans les veines nasales des animaux paissant dans un milieu abritant des escargots aquatiques (Asie).	5
Strongles respiratoires des ruminants (broncho-pneumonie vermineuse)				Maladie commune des jeunes ovins dans les régions subtropicales à hivers humides ; peut se compliquer en pneumonie.	5
Thélaziose (ver des yeux)	*			Présence de nématodes à la surface des yeux, infection oculaire généralement bénigne transmise par des mouches ; entraîne parfois des inflammations et des ulcérations.	4

Tableau 5.15. Les maladies des équidés caractérisées par des écoulements au niveau des yeux, du nez ou de la bouche et/ou par des troubles respiratoires.

Maladie	Ecoulements			Tableaux épidémiologiques	Chap. vol. 2
	Yeux	Nez	Bouche		
Anémie infectieuse des équidés	*	*		Maladie transmise par des mouches ; fièvre, hémorragies des yeux et sous la langue ; écoulement nasal parfois sanguinolent.	4
Ascaridose des équidés (parascaridiose)			*	Maladie des poulains ; larves migrant par le foie et les poumons ; toux, dégradation de l'état général et diarrhée ; associée à des mauvaises conditions d'hygiène.	5
Besnoitiose	*	*		Maladie peu courante ; les signes précoces comprennent fièvre, photophobie et écoulements au niveau des yeux et du nez ; lésions cutanées par la suite.	4
Charbon bactéridien			*	Fièvre élevée et gonflements œdémateux de la gorge susceptibles de rendre la respiration difficile ; mort en 2 à 3 jours.	1

…/…

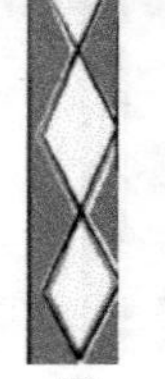

Tableau 5.15. suite

Maladie	Ecoulements			Tableaux épidémiologiques	Chap. vol. 2
	Yeux	Nez	Bouche		
Morve		*	*	Infection des voies respiratoires ; fièvre, toux, ulcères dans les narines, respiration laborieuse ; aiguë chez l'âne et chronique chez le cheval.	1
Peste équine (forme circulatoire)			*	Maladie transmise par des moucherons *Culicoides* ; hémorragies oculaires et œdèmes au niveau des yeux et de la gorge rendant la respiration difficile.	4
Peste équine (forme pulmonaire)		*	*	Maladie transmise par des moucherons ; fièvre, respiration laborieuse, toux violente, écoulement nasal écumeux et mort en 4 à 5 jours.	4
Schistosomose à *Schistosoma nasale*		*	*	« Maladie des ronflements » ; infestation parasitaire dans les veines nasales ; atteint des chevaux paissant dans des milieux abritant des escargots aquatiques (Asie).	5
Thélaziose (ver des yeux)	*			Présence de nématodes à la surface des yeux ; infection oculaire généralement bénigne, transmise par des mouches ; entraîne parfois des inflammations et des ulcérations.	4
Trypanosomose	*			Maladie transmise par des mouches ; habituellement, anémie chronique et dégradation de l'état général ; les parasites peuvent investir certains tissus, dont les yeux.	4

Les altérations des muqueuses

Les muqueuses sont visibles en plusieurs points, à savoir, les gencives, les narines, les yeux (conjonctives), le rectum et le vagin. Ces plages de muqueuses directement observables constituent de précieux indicateurs de la santé des animaux et sont systématiquement examinées par les vétérinaires confrontés à des individus malades. Chez l'animal en bonne santé, les muqueuses sont de couleur rosée et d'aspect brillant, à cause du mucus qu'elles sécrètent à leur surface. Toutefois, leur teinte peut changer dans certaines conditions.

Les muqueuses rose pâle à blanches

Les muqueuses bénéficient d'une irrigation sanguine dense et leur couleur habituelle est due aux globules rouges qui y circulent. Lorsque les globules rouges deviennent plus rares (anémie), les muqueuses pâlissent et peuvent même devenir blanches en cas d'anémie grave (voir la figure 5.4). Les anémies peuvent avoir des origines diverses : certaines maladies importantes transmises par des tiques s'attaquent directement aux globules rouges et les détruisent, tandis que d'autres entravent la capacité de l'organisme à en produire de nouveaux, dans la moelle des os.

Les muqueuses jaunes

Comme indiqué ci-dessus, l'anémie peut être causée par la destruction directe de globules rouges. Le pigment rouge que ces derniers contiennent, l'hémoglobine, est alors libéré puis converti en un autre pigment, appelé bilirubine. Ce second pigment, lorsqu'il est présent en quantité excessive, colore les tissus en jaune (ictère) — y compris les muqueuses observables. Ces maladies sont donc susceptibles de modifier la coloration habituelle des muqueuses en les rendant à la fois plus pâles et jaunâtres, à cause de l'anémie et de l'ictère : c'est le cas, par exemple, de l'anaplasmose, de la babésiose et de la theilériose, trois maladies transmises par des tiques. Pour ce qui concerne la babésiose, les quantités d'hémoglobine libérées dans le sang peuvent être importantes à un point tel qu'une partie est évacuée directement dans les urines, les colorant en rouge sombre ou en brun — un phénomène appelé hémoglobinurie (voir la figure 5.5).

La bilirubine est par ailleurs un sous-produit du métabolisme du foie. Chez les animaux en bonne santé, elle est évacuée vers la vésicule biliaire, dans la bile, puis excrétée avec les fèces. Toute interruption de ce flux de bile, sous l'effet d'une maladie du foie, se traduit par une accumulation de bilirubine dans les tissus. La fasciolose (ou distomatose) en constitue un exemple : les douves, en envahissant le foie, y provoquent une inflammation (hépatite) et une fibrose, ou cirrhose (voir la figure 5.6). Ce processus déclenche à son tour un ictère, généralement plus intense que celui généré par la destruction des globules rouges.

▌ Les muqueuses rouges

Si les anémies entraînent une pâleur des muqueuses visibles, à l'inverse, ces dernières et d'autres tissus peuvent se congestionner à la suite d'une accumulation excessive de sang. Le nombre des maladies susceptibles de produire ce phénomène est tel que leur énumération n'aurait pas d'intérêt. Toute affection produisant de la fièvre est à même d'entraîner une congestion des muqueuses.

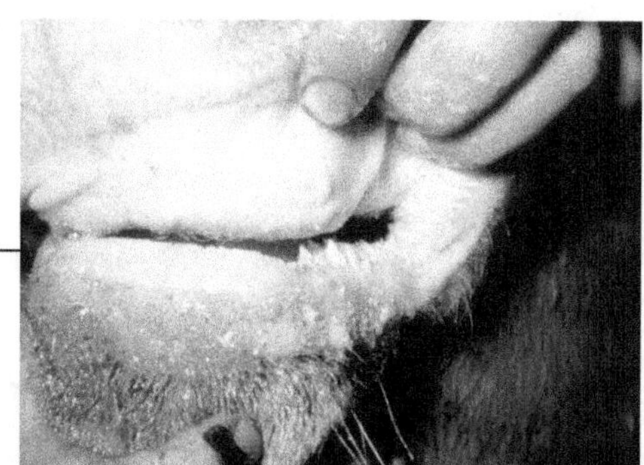

Figure 5.4.

Muqueuses buccales anémiques d'un bœuf souffrant de babésiose (cliché CTVM).

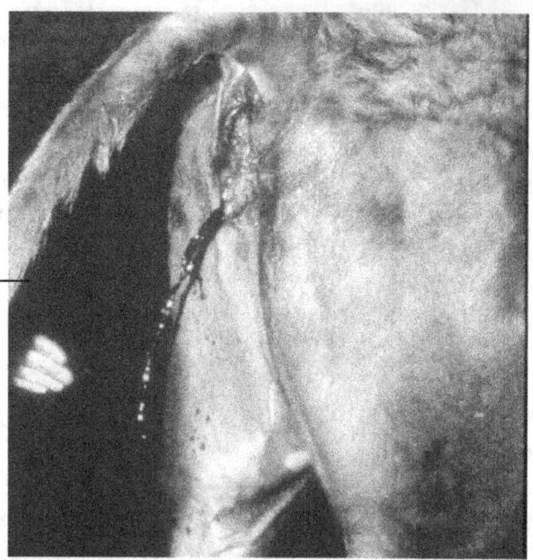

Figure 5.5.

Hémoglobinurie dans le cadre d'une babésiose bovine (cliché CTVM).

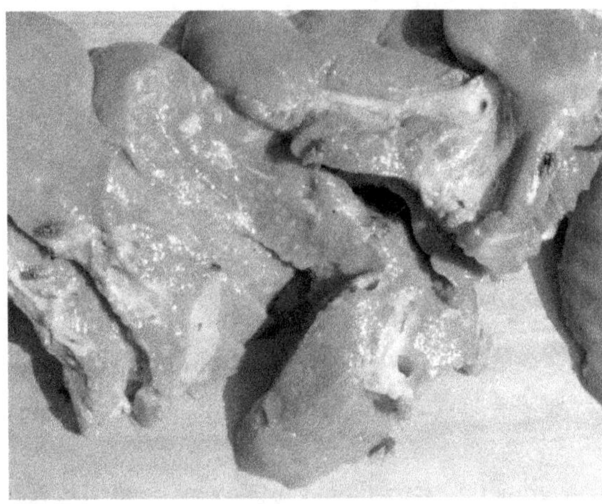

Figure 5.6.
Hépatite grave
et cirrhose du foie
chez un bœuf atteint
de fasciolose
(cliché CTVM).

Dans les tableaux de diagnostic, le rougissement des muqueuses n'a été mentionné que pour une seule maladie, l'empoisonnement au cyanure, dû à la consommation de certaines plantes (voir le chapitre 6, volume 2). Le cyanure interrompt le processus par lequel l'oxygène est transporté dans le sang des poumons vers les autres tissus. L'oxygène reste alors dans le sang et la couleur rouge vif des muqueuses qui en résulte est très caractéristique.

Les muqueuses bleues

Certaines maladies agissent à l'inverse de l'empoisonnement au cyanure et empêchent la bonne oxygénation du sang, ce qui se traduit par une coloration des tissus en bleu, la cyanose. Là encore, ce phénomène peut être observé au niveau des muqueuses. Chez les animaux souffrant d'un empoisonnement aux nitrates ou aux nitrites (voir le chapitre 6, volume 2), l'hémoglobine du sang est transformée en méthémoglobine et devient incapable de transporter l'oxygène aux différents tissus, provoquant une cyanose.

Les hémorragies

Les hémorragies qui surviennent à partir des petits vaisseaux sanguins qui irriguent les muqueuses ont l'aspect de petites étoiles rouges ; les hémorragies en « pointe d'épingle » sont dites pétéchiales, tandis que celles qui sont plus étendues sont appelées ecchymoses. Les hémorragies, qu'elles soient pétéchiales ou ecchymotiques, sont fréquemment le résultat d'une septicémie — une affection due à la circulation de micro-organismes infectieux et de leurs toxines dans le sang. Les animaux atteints de septicémie sont fiévreux et très malades. Les septicémies et hémorragies des muqueuses visibles peuvent être provoquées par un grand nombre de maladies. Il n'a donc pas été tenté de les décrire dans les tableaux relatifs à l'aspect des muqueuses. Mentionnons toutefois la fièvre pétéchiale : la présence de pétéchies sur les muqueuses visibles est caractéristique de cette maladie.

La fièvre

L'augmentation de la température corporelle est un symptôme si banal qu'il n'a qu'un intérêt diagnostic limité. L'absence ou la présence de fièvre constitue cependant un critère permettant de départager des affections présentant par ailleurs des signes cliniques proches. C'est pourquoi elle a été incluse dans les tableaux 5.16 et 5.17, consacrés aux maladies induisant une altération des muqueuses observables.

La diarrhée

La diarrhée peut n'être qu'un trouble passager marquant une période d'adaptation à un nouveau régime alimentaire. Il est essentiel de prendre cette possibilité en compte lorsque l'on est confronté à un animal présentant ce désordre. En outre, cette manifestation étant associée à plusieurs maladies chroniques, il convient de déterminer si l'animal en souffre depuis longtemps. Les diarrhées sont généralement dues à des pathologies intestinales pouvant induire une hémorragie, avec apparition de sang rouge, non digéré, dans les fèces (dysenterie). Lorsque l'hémorragie se déclare dans la partie proximale de l'intestin, les excréments prennent une coloration brun-noir. A l'inverse, lorsqu'elle survient plus bas, le sang conserve sa teinte habituelle et les colore en rouge ; le sang peut également apparaître sous forme de caillots. Ces signes cliniques figurent dans les tableaux 5.18 à 5.21.

Tableau 5.16. Les maladies des bovins se traduisant par un changement de couleur des muqueuses.

| Maladie | Muqueuses visibles | | | | | Fièvre | Tableaux épidémiologique et clinique | Chap. vol. 2 |
	Pâles	Jaunes	Rouges	Bleues	Hém.			
Anaplasmose	*	*				*	Maladie majeure transmise par des tiques ; les signes principaux sont : fièvre, anémie et ictère ; les animaux d'origine exotique sont très sensibles.	4
Babésiose	*	*				*	Maladie majeure transmise par des tiques ; les bovins atteints présentent de l'hémoglobine dans les urines ; les animaux d'origine exotique sont très sensibles.	4
Carence en cuivre	*						Atteint les ruminants au pâturage, dans beaucoup de régions ; les signes comprennent une anémie, un ralentissement de la croissance et une dépigmentation des poils.	6
(Grande) douve du foie (fasciolose, distomatose)	*						Problème majeur des ruminants paissant à proximité de milieux abritant des escargots aquatiques ; amaigrissement, anémie progressive et diarrhée.	5
Empoisonnement au cyanure			*				Poison présent dans certaines plantes à croissance rapide ; muqueuses rouge vif, convulsions et mort rapide.	6
Empoisonnement aux nitrates ou nitrites				*			Fourrage ou parcours ayant reçu des quantités excessives d'engrais ; les nitrites bloquent le transport de l'oxygène par le sang.	6
Fièvre pétéchiale bovine (maladie d'Ondiri)					*	*	Maladie des bovins d'Afrique de l'Est transmise par des tiques ; fièvre, petites hémorragies au niveau des muqueuses, mort.	4
Helminthes digestifs (gastro-entérite parasitaire, vers digestifs)	*						Problème majeur des ruminants au pâturage ; les signes comprennent une dégradation de l'état général, de la diarrhée et une anémie.	5

Hém. : avec hémorragies.

···/···

Tableau 5.16. suite

Maladie	Muqueuses visibles					Fièvre	Tableaux épidémiologique et clinique	Chap. vol. 2
	Pâles	Jaunes	Rouges	Bleues	Hém.			
Intoxication à la fougère grand aigle	*						Des substances cancérigènes présentes dans cette plante entraînent l'apparition de tumeurs dans la vessie et des hémorragies dans les urines ; peut se traduire par une anémie.	6
Sénéciose	*						Les plantes du genre *Senecio* contiennent des substances toxiques pour le foie ; lésions chroniques du foie, dégradation de l'état général et parfois ictère.	6
Theilériose	*	*				*	Maladie majeure transmise par des tiques ; les signes comprennent de la fièvre, une anémie, un ictère et un gonflement des ganglions lymphatiques.	4
Trypanosomoses	*					*	Maladies majeures transmises par des mouches tsé-tsé ; les signes comprennent une dégradation chronique de l'état général, une anémie et, souvent, après un certain temps, la mort.	4

Hém. : avec hémorragies.

Tableau 5.17. Les maladies des ovins et des caprins se traduisant par un changement de couleur des muqueuses.

Maladie	Couleur des muqueuses visibles				Fièvre	Tableaux épidémiologique et clinique	Chap. vol. 2
	Pâle	Rouge	Jaune	Bleue			
Anaplasmose	*		*		*	Hémoparasitose transmise par des tiques ; fièvre, anémie et ictère ; si les animaux d'origine exotique (surtout les caprins) sont sensibles, cette maladie est rare chez les animaux indigènes.	4
Babésiose	*		*		*	Maladie rappelant l'anaplasmose ; les animaux atteints présentent par contre habituellement une urine rougie par de l'hémoglobine.	4
Empoisonnement au cyanure		*				Poison présent dans certaines plantes à croissance rapide ; muqueuses rouge vif, convulsions et mort rapide.	6
Empoisonnement aux nitrates				*		Fourrage ou herbage ayant reçu des quantités excessives d'engrais ; les nitrites du rumen bloquent le transport de l'oxygène.	6
Fasciolose (distomatose)	*					Problème majeur concernant les ruminants paissant dans un milieu abritant des escargots aquatiques ; amaigrissement, anémie et diarrhée.	5
Gastro-entérite parasitaire (vers)	*					Problème majeur affectant les ruminants paissant au sol, en particulier les ovins ; dégradation de l'état général, diarrhée et anémie.	5
Schistosomose	*					Atteint les ovins paissant à proximité de milieux abritant des escargots aquatiques ; les signes cliniques comprennent une anémie et de la diarrhée.	5
Theilériose	*		*		*	Maladie transmise par des tiques ; les symptômes comprennent de la fièvre, une anémie, un ictère et un gonflement des ganglions lymphatiques.	5
Trypanosomose	*				*	Maladie transmise par des mouches tsé-tsé (glossines) ; relativement peu courante chez les ovins et caprins ; fièvre dans les premiers temps, puis anémie chronique.	4

Tableau 5.18. Les maladies des bovins caractérisées par la présence de diarrhée.

Maladie	Sang dans les fèces	Type de maladie		Tableaux épidémiologique et clinique	Chap. vol. 2
		Aigu	Chronique		
Acidose ruminale aiguë		*		Consommation accidentelle de grandes quantités de grain ; peut être mortelle.	6
Ascaridiose du veau			*	Chétivité des veaux de moins de 6 mois ; maladie importante chez les veaux de buffles.	5
Carence en cuivre			*	Atteint les ruminants au pâturage dans beaucoup de régions ; état général médiocre.	6
Coccidiose	*	*		Veaux maintenus dans des conditions surpeuplées ; les cas graves peuvent présenter une convalescence prolongée.	1
Cowdriose (*heartwater*)	*	*		Maladie transmise par des tiques ; les cas cliniques présentent souvent une abondante diarrhée sanguinolente.	4
Diarrhée néonatale		*		Affection importante des veaux en exploitation intensive ; rare dans les systèmes d'élevage extensifs.	1
(Petite) douve du foie (dicrocœliose)			*	Maladie occasionnelle ; provoque une maladie rappelant la fasciolose.	5
(Grande) douve du foie (fasciolose, distomatose)			*	Pâturage au sol sur des parcours infestés d'escargots aquatiques ; peut s'avérer mortelle.	5
Empoisonnement à l'arsenic		*	*	Contamination des aliments par un produit pour bains insecticides contenant de l'arsenic ; généralement mortel mais rare aujourd'hui.	6
Entérotoxémie du veau	*	*		Maladie rare ; atteint les jeunes veaux ; les cas aigus peuvent connaître une issue fatale en quelques heures.	1
Gastro-entérite parasitaire (helminthes digestifs)			*	Source importante de diarrhées et de chétivité chez les bovins au pâturage.	5

Tableau 5.18. suite

Maladie	Sang dans les fèces	Type de maladie		Tableaux épidémiologique et clinique	Chap. vol. 2
		Aigu	Chronique		
Intoxication au tourteau de graines de ricin	*	*		Consommation accidentelle de tourteau de ricin ; peut être mortelle.	6
Maladie de Jembrana		*		Maladie rappelant la peste bovine atteignant les bovins en Indonésie.	4
Maladie des muqueuses	*	*		Maladie sporadique rappelant la peste bovine et atteignant les jeunes bovins.	2
Paramphistomose			*	Maladie peu commune en zones sèches, très commune en zones humides ; maladie des veaux paissant dans un milieu abritant des escargots aquatiques.	5
Paratuberculose			*	Maladie rare en pays tropicaux ; atteint les adultes ; amaigrissement chronique et diarrhée ; habituellement mortelle.	1
Peste bovine	*	*		Maladie très contagieuse et généralement mortelle ; écoulements fétides au niveau des yeux, du nez et de la bouche.	1
Salmonellose	*	*		Maladie affectant les animaux de tous âges ; peut être mortelle ; rare dans les systèmes d'élevage extensifs.	1
Schistosomose	*		*	Atteint les animaux paissant dans un milieu abritant des escargots aquatiques.	5

Tableau 5.19. Les maladies des équidés caractérisées par la présence de diarrhée.

Maladie	Sang dans les fèces	Type de maladie		Tableaux épidémiologique et clinique	Chap. vol. 2
		Aigu	Chronique		
Diarrhée néonatale		*		Généralement liée à des conditions surpeuplées et à une mauvaise hygiène ; atteint les poulains jusqu'à l'âge de 6 semaines.	1
Empoisonnement à l'arsenic		*		Dû à la contamination d'aliments ; douleurs abdominales, hypersalivation, collapsus et mort ; rare de nos jours.	6
Helminthoses			*	Associées à des parcours contaminés, trop exclusivement pâturés par des équidés ; dépérissement, anémie, toux et diarrhée.	5
Intoxication au tourteau de graines de ricin	*	*		Due à la consommation accidentelle de tourteau de ricin ; peut être mortelle ; douleurs abdominales, sueurs et incoordination.	6
Salmonellose	*	*		Maladie affectant les animaux de tous âges ; peut être mortelle ; fièvre, entérite et dysenterie ; survient rarement dans les systèmes d'élevage extensifs.	1
Sénéciose			*	Lésions hépatiques dues à la consommation répétée de plantes du genre *Senecio* ; dégradation de l'état général, ictère et diarrhée.	6

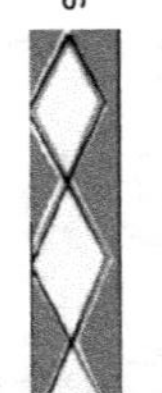

Tableau 5.20. Les maladies des ovins et des caprins caractérisées par la présence de diarrhée.

Maladie	Sang dans les fèces	Tableaux épidémiologique et clinique	Chap. vol. 2
Coccidiose	*	Agneaux et chevreaux maintenus dans des conditions surpeuplées ; maladie parfois grave, rarement mortelle.	1
Diarrhée néonatale		Aiguë, potentiellement mortelle ; fréquente dans les systèmes intensifs mais rare dans les systèmes pastoraux.	1
(Petite) douve du foie (dicrocœliose)		Entraîne occasionnellement une maladie rappelant la fasciolose (voir ci-dessous).	5
(Grande) douve du foie (fasciolose, distomatose)		Atteint les animaux paissant à proximité de milieux abritant des escargots aquatiques ; maladie chronique affaiblissante ; souvent mortelle.	5
Dysenterie des agneaux	*	Atteint, au cours de leurs premières semaines de vie, les jeunes agneaux allaités par des mères donnant beaucoup de lait ; douleurs abdominales et mort rapide.	6
Gastro-entérite parasitaire		Source majeure de diarrhées et de chétivité chez les ovins au pâturage ; moins fréquente chez les caprins qui broutent des végétaux plus élevés.	5
Maladie de Nairobi	*	Maladie transmise par des tiques ; fièvre élevée, dysenterie, avortements spontanés, collapsus et mort.	4
Paramphistomose		Maladie peu courante ; atteint les animaux paissant à proximité de milieux abritant des escargots aquatiques.	5
Paratuberculose (entérite paratuberculeuse)		Maladie rare dans les régions intertropicales ; atteint les adultes ; maladie chronique affaiblissante le plus souvent mortelle ; diarrhée fétide.	1
Peste bovine	*	Maladie contagieuse, souvent mortelle ; écoulements au niveau des yeux, du nez et de la bouche ; diarrhée fétide mêlée de sang et de mucus.	1
Peste des petits ruminants	*	Maladie contagieuse rappelant la peste bovine (voir ci-dessus).	1
Salmonellose	*	Atteint des animaux de tous âges ; parfois mortelle ; rare dans les systèmes d'élevage extensifs ; forme généralement aiguë.	1
Schistosomose	*	Atteint les ovins qui paissent dans un milieu abritant des escargots aquatiques ; diarrhée souvent mêlée de sang et de mucus apparaissant plusieurs mois après l'infestation.	5

Tableau 5.21. Les maladies des porcs caractérisées par la présence de diarrhée.

Maladie	Sang dans les fèces	Tableaux épidémiologique et clinique	Chap. vol. 2
Coccidiose	*	Maladie peu courante ; atteint les jeunes porcelets maintenus en conditions surpeuplées ; diarrhée abondante et vomissements occasionnels ; la mortalité peut atteindre 20 % au cours d'un épisode.	1
Diarrhée néonatale		Atteint généralement les jeunes porcelets en systèmes d'élevage intensifs ; maladie parfois mortelle.	1
Entérotoxémie	*	Maladie rare dans les régions intertropicales ; atteint les porcelets jusqu'à l'âge d'une semaine ; abattement, diarrhée sanguinolente et mort dans les 24 heures.	6
Helminthoses	*	Mauvaises conditions d'hygiène, surpeuplement ; atteint les porcs de tous âges, selon les parasites impliqués ; parmi les autres symptômes : dépérissement, vomissements et toux.	5
Intoxication au tourteau de graines de ricin	*	Consommation accidentelle de tourteau de ricin ; parfois mortelle ; diarrhée abondante et très liquide, douleurs abdominales et vomissements.	6
Peste bovine	*	Maladie contagieuse ; diarrhée importante, écoulements au niveau des yeux et du nez et hypersalivation ; mort environ 10 jours plus tard. Distribution géographique très limitée aujourd'hui.	1
Pestes porcines classique et africaine		Peste porcine africaine transmise par des tiques molles (*Ornithodoros*) et par contact direct ; les signes principaux en sont : fièvre, incoordination motrice et mort en une semaine ; des formes suraiguës et, plus rarement, chroniques existent également.	1
Salmonellose	*	Atteint les animaux de tous âges ; maladie parfois mortelle ; rare dans les systèmes d'élevage extensifs.	1

Les troubles nerveux

Le système nerveux central, qui comprend le cerveau et la moelle épinière, est extrêmement complexe. Il peut être divisé en deux grands ensembles, à savoir le système nerveux neurovégétatif et le système sensoriel. Le premier régit le fonctionnement de mécanismes dont l'animal n'est pas conscient, tels que les petits muscles qui font s'ouvrir ou se refermer les pupilles pour les ajuster à la luminosité ambiante ou encore les muscles qui contrôlent les sphincters des systèmes urinaires et digestifs et qui évitent que les urines ou les excréments ne soient évacués en permanence. Les diverses glandes de l'organisme dépendent elles aussi du système neurovégétatif. Le système moteur et sensoriel contrôle les muscles responsables des mouvements, de la marche, etc., ainsi que les sens (le goût, la vue, l'odorat, l'ouïe et le toucher) et l'état mental de l'individu. Il en découle que les atteintes du système nerveux central présentent une grande diversité de signes cliniques variant en fonction de l'emplacement et du degré de gravité des lésions.

Expliquer l'ensemble des symptômes produits par les maladies du système nerveux central est une entreprise difficile. Leur point commun est une altération du comportement. C'est pourquoi il est important de bien connaître le comportement normal des animaux. Tout comportement inhabituel est suspect, surtout s'il se prolonge dans le temps. Ces altérations peuvent aller d'un subtil changement d'expression ou d'attitude jusqu'à des désordres patents tels que l'agressivité, un changement de la voix, la somnolence ou le besoin irrépressible de consommer ou de boire des matières inhabituelles.

Les maladies du cerveau peuvent produire d'autres types de signes cliniques. Ils peuvent varier du simple tremblement ou du mouvement de grignotage jusqu'à la cécité absolue, le déplacement en cercles, une démarche anormale, avec une élévation exagérée des membres par exemple, l'appui de la tête contre des objets, des gestes anormaux de la tête, une incoordination ou des convulsions (voir la figure 5.7). Les maladies du système nerveux central sont susceptibles de provoquer l'apparition de spasmes, souvent déclenchés, comme dans le cas du tétanos (voir le chapitre 6, volume 2), par des stimulations nerveuses brutales telles qu'un bruit soudain de forte intensité. Dans les cas extrêmes, une maladie du système nerveux central peut être à l'origine d'une perte du contrôle des muscles squelettiques, entraînant une incapacité à se mouvoir ou à se tenir debout (paralysie). La rage est une maladie mortelle responsable d'une inflammation grave du cerveau (encéphalite). L'agressivité ou la paralysie en sont des signes bien connus ; toutefois, les premiers signes peuvent être discrets et se limiter à un changement léger du comportement ou de l'expression faciale. On retiendra qu'il n'y a pas toujours de symptômes typiques de la rage, et que les formes « furieuse » ou « tranquille » de la maladie peuvent être observées dans pratiquement toutes les espèces. Les encéphalomyélites sont des maladies qui provoquent une inflammation du cerveau et de la moelle épinière.

Les maladies du système nerveux neurovégétatif se manifestent parfois par des symptômes semblables ; ainsi des signes tels qu'une salivation ou une miction incontrôlée sont-ils à considérer avec suspicion. Le diagnostic des différents types de troubles nerveux requiert une grande compétence ; ces derniers n'ont pas été évoqués dans les tableaux, à l'exception de la paralysie, dont les manifestations sont évidentes, même pour des non-initiés.

Figure 5.7.
Opisthotonos d'une chèvre
atteinte de cowdriose
(cliché Cirad).

Les anomalies de la démarche

Un animal qui souffre d'une blessure ou d'une maladie des pieds ou des membres peut présenter une altération de la démarche susceptible d'être confondue avec des troubles nerveux. Il est de fait difficile à expliquer par écrit ce qui distingue, par exemple, une incoordination d'une boiterie. Une démarche anormale due à une affection du système nerveux central sera plus souvent mal contrôlée et irrégulière, tandis que celle d'un animal présentant une lésion à un membre reste maîtrisée, l'animal adaptant sa position et ses mouvements afin de soulager la partie affectée.

Etant donné la possibilité de confusion, si mince soit-elle, qui existe entre une anomalie de la locomotion ou de la posture due à un trouble du système nerveux central et une autre provoquée par des lésions localisées des membres, les problèmes concernant la démarche ont été inclus dans les tableaux 5.22 à 5.25. Dans la mesure où leur différenciation est aussi délicate que dans le cas des troubles nerveux, ils y figurent regroupés en deux grandes catégories, la boiterie et les raideurs.

Tableau 5.22. Les maladies des bovins caractérisées par des troubles nerveux et/ou des anomalies de la démarche.

Maladie	Troubles nerveux	Paralysie	Démarche Raide	Démarche Boiteuse	Tableaux épidémiologique et clinique	Chap. vol. 2
Babésiose à *Babesia bovis*	*				Maladie majeure transmise par des tiques ; atteint plus gravement les races taurines européennes ; les troubles nerveux sont dus à la mauvaise circulation sanguine suite à la présence des parasites dans les globules rouges des capillaires cérébraux.	4
Botulisme		*	*		Intoxication par consommation de matière organique contaminée ; l'animal s'infecte souvent en rongeant des os, etc. (pica), en réaction à une carence en phosphore.	6
Carence en phosphore			*		Répandue chez les bovins au pâturage ; les indices généraux de mauvaise santé comprennent des raideurs et des fractures osseuses.	6
Carence en sodium	*				Atteint les femelles en lactation excessivement travaillées par temps chaud et maintenues sur un parcours carencé en sodium ; besoin irrépressible de sel ; ingestion d'urine, de terre (pica), etc.	6
Cénurose cérébro-spinale	*				Maladie rare ; les animaux s'infectent par les excréments de chiens ; les kystes de ténias se développent dans le cerveau et la moelle épinière ; troubles nerveux, cécité et mort.	5
Cowdriose	*		*		Maladie majeure transmise par des tiques ; formes bénignes à graves ; les signes comprennent : fièvre, déplacement en cercles, élévation excessive des membres lors de la marche, convulsions et mort.	4
Dystrophie musculaire nutritionnelle (maladie du muscle blanc)			*	*	Atteint les veaux en croissance rapide allaités par des mères carencées en sélénium ; position debout et locomotion difficiles ; rarement observée dans les systèmes pastoraux extensifs.	6
Empoisonnement aux acaricides (hydrocarbures chlorés, etc.)	*				Ingestion accidentelle du liquide d'un bain insecticide, ou concentration du bain trop élevée ; secousses musculaires, tremblements et convulsions ; parfois mortel.	6

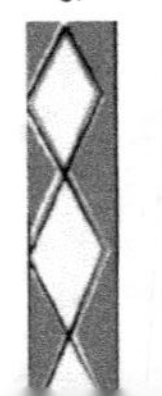

Tableau 5.22. suite

Maladie	Troubles nerveux	Paralysie	Démarche Raide	Démarche Boiteuse	Tableaux épidémiologique et clinique	Chap. vol. 2
Empoisonnement aux organophosphorés	*	*			Ingestion accidentelle du liquide d'un bain insecticide, ou bain excessivement concentré ; salivation et miction excessives, tremblements, paralysie et mort.	5
Ergotisme				*	Mycotoxicose, le plus souvent attribuable à du seigle ou une autre céréale infectée ; boiterie due à une nécrose des extrémités (pieds, lèvres, bout des oreilles, queue).	6
Fièvre aphteuse				*	Maladie hautement infectieuse ; boiterie et hypersalivation dues à l'apparition de vésicules dans la bouche, sur les mamelles et les pieds.	1
Fièvre éphémère			*	*	Maladie transmise par des moustiques et des moucherons ; relativement bénigne, durant de 3 à 5 jours ; boiterie à localisation changeante ; parfois forme grave mortelle.	4
Fièvre de lait		*			Vaches laitières à haut rendement au moment de la mise bas ; à la suite d'une chute du taux de calcium sanguin, l'animal est affecté d'incoordination, se couche, et meurt en l'absence de traitement.	6
Hypomagnésiémie	*				Vaches laitières à haut rendement maintenues sur une herbe verte abondante ou veaux allaités artificiellement ; démarche chancelante, convulsions et mort.	6
Paralysie à tiques		*			Maladie sporadique des veaux ; incoordination, paralysie ascendante et mort éventuelle par paralysie des muscles respiratoires.	4
Rage	*	*			Survient à la suite d'une morsure infligée par un animal infecté (chien ou chacal) ; agressivité, hypersalivation, beuglements violents, paramysie et mort en l'espace d'une semaine.	1
Rachitisme			*	*	Dû à une carence en calcium ou en phosphore chez de jeunes animaux ; entraîne une mauvaise calcification des os des membres ; les os longs s'incurvent.	6
Theilériose	*	*			Maladie importante des bovins transmise par des tiques ; fièvre et gonflement des ganglions lymphatiques ; prend occasionnellement une forme nerveuse.	4

Tableau 5.23. Les maladies des ovins et des caprins caractérisées par des troubles nerveux et/ou des anomalies de la démarche.

Maladie	Troubles nerveux	Paralysie	Démarche Raide	Boiteuse	Tableaux épidémiologique et clinique	Chap. vol. 2
Botulisme		*	*		Intoxication par de la matière organique contaminée ; paralysie, protrusion de la langue, allongement au sol et mort.	6
Cénurose cérébro-spinale	*				Maladie rare ; les animaux s'infectent au contact d'excréments de chiens ; les kystes de ténias se développent dans le cerveau et dans la moelle épinière ; troubles nerveux, cécité et mort.	5
Cowdriose	*		*		Maladie importante transmise par des tiques ; de bénigne à grave ; les symptômes comprennent : fièvre, déplacement en cercles, élevation excessive des membres lors de la marche, convulsions et mort.	4
Dystrophie musculaire nutritionnelle (maladie du muscle blanc)			*	*	Atteint les agneaux en croissance rapide allaités par des mères carencées en sélénium ; difficultés à se tenir debout et à se déplacer ; rarement observée dans les systèmes pastoraux extensifs.	6
Empoisonnement aux hydrocarbures chlorés	*				Dû à l'ingestion accidentelle du liquide d'un bain insecticide ou à un bain excessivement concentré ; secousses musculaires, tremblements et convulsions ; parfois mortel.	6
Empoisonnement aux organophosphorés	*	*			Dû à l'ingestion accidentelle du liquide des bains insecticides ou à un bain trop concentré ; perte de contrôle de la salivation, miction, etc., paralysie et mort.	6
Ergotisme				*	Mycotoxicose, le plus souvent attribuable à des céréales contaminées (en particulier le seigle) ; boiterie due à une nécrose des extrémités.	6
Fièvre aphteuse				*	Maladie hautement infectieuse ; hypersalivation et boiterie dues à l'apparition de vésicules dans la bouche, sur les mamelles et les pieds ; forme souvent très légère dans les régions intertropicales.	1
Hypomagnésiémie	*				Atteint les brebis allaitantes maintenues sur une herbe verte abondante ; démarche soudain chancelante, convulsions et mort rapide.	6

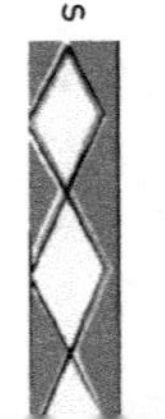

Tableau 5.23. suite

Maladie	Troubles nerveux	Paralysie	Démarche Raide	Démarche Boiteuse	Tableaux épidémiologique et clinique	Chap. vol. 2
Hypocalcémie de la brebis	*	*			Atteint les brebis en bon état général vers la période de la mise bas ; hyperexcitabilité, tremblements, allongement au sol et, souvent, mort.	6
Intoxication à la fougère grand aigle	*				La consommation répétée de fougère grand aigle peut provoquer une cécité ; possible sous les tropiques dans les secteurs montagneux.	6
Piétin				*	Maladie majeure des pieds des ovins et parfois des caprins ; généralement plus grave lorsque les conditions sont humides ; degré de gravité variable.	1
Rachitisme			*	*	Peu courant ; carence en phosphore ou en calcium chez les jeunes animaux, entraînant une déformation des os des membres, qui deviennent arqués.	6
Rage	*	*			Maladie sporadique ; survient généralement à la suite d'une morsure infligée par un animal infecté (chien ou chacal) ; agression, hypersalivation, paralysie et mort en l'espace d'une semaine.	1
Rouget du porc (érysipèle)				*	Maladie peu courante ; entraîne de l'arthrite chez les agneaux privés de colostrum.	1
Tétanos		*	*		Survient à la suite de la contamination de plaies ou de coupures ; raideurs au début, puis spasmes rigides généralisés, convulsions et mort.	1
Toxémie de gestation	*				Atteint les brebis en fin de gestation ; liée à un dysfonctionnement du métabolisme énergétique ; abattement, puis troubles nerveux, incoordination, coma et mort.	6
Tremblante du mouton	*				Maladie progressive mortelle des ovins adultes et parfois des caprins ; troubles nerveux et prurit intense.	1
Visna	*	*			Infection peu courante du cerveau ; troubles nerveux, incoordination, paralysie et mort ; atteint les ovins à partir de l'âge de deux ans.	1

Tableau 5.24. Les maladies des porcs caractérisées par des troubles nerveux et/ou des anomalies de la démarche.

Maladie	Troubles nerveux	Paralysie	Démarche Raide	Boiteuse	Tableaux épidémiologique et clinique	Chap. vol. 2
Empoisonnement aux hydrocarbures chlorés	*				Dû à l'ingestion accidentelle du liquide d'un bain insecticide ; secousses musculaires, tremblements et convulsions ; parfois mortel.	6
Empoisonnement aux organophosphorés	*	*			Dû à l'ingestion accidentelle du liquide des bains insecticides ; perte de contrôle de la salivation, miction, etc., paralysie et mort.	6
Fièvre aphteuse				*	Maladie très infectieuse ; fièvre, boiterie et hypersalivation dues à l'apparition de vésicules sur les pieds et, plus rarement, dans la bouche et sur le groin.	1
Maladie de Talfan (encéphalomyélite porcine)	*	*			Maladie sporadique ; encéphalomyélite d'origine virale ; atteint principalement les jeunes animaux ; incoordination et parfois paralysie ; la plupart des cas cliniques guérissent spontanément.	1
Maladie de Teschen	*	*			Seulement présente à Madagascar ; forme grave d'encéphalomyélite porcine ; fièvre, incoordination, paralysie et mort après quelques jours.	1
Peste porcine africaine	*				Maladie infectieuse importante ; la forme aiguë se manifeste par de la fièvre, une incoordination et la mort ; des formes suraiguës et chroniques existent également.	1
Peste porcine classique	*	*			Maladie très infectieuse rappelant la peste porcine africaine ; troubles nerveux, dont incoordination, déplacement en cercles, tremblements et paralysie.	1
Rage	*	*			Maladie peu courante, survient généralement à la suite d'une morsure infligée par un animal infecté ; troubles nerveux variables ; paralysie et mort rapide après les premiers symptômes.	1
Rachitisme			*	*	Carence en phosphore ou en calcium chez les jeunes, entraînant une déformation des os des membres, qui deviennent arqués ; rare chez les animaux élevés en liberté.	6

Tableau 5.24. suite

Maladie	Troubles nerveux	Paralysie	Démarche Raide	Démarche Boiteuse	Tableaux épidémiologique et clinique	Chap. vol. 2
Rouget du porc (érysipèle)		*	*	*	Maladie commune ; la forme chronique entraîne des gonflements douloureux au niveau des articulations et de la colonne vertébrale ; peut induire une déformation permanente des articulations.	1
Ver du rein du porc (*Stephanurus dentatus*)		*			Dépérissement et parfois paralysie dus à la migration des larves à travers différents tissus, dont la moelle épinière.	5

Tableau 5.25. Les maladies des équidés caractérisées par des troubles nerveux et/ou des anomalies de la démarche.

Maladie	Troubles nerveux	Paralysie	Raideurs	Tableaux épidémiologiques	Chap. vol. 2
Botulisme		*	*	Intoxication par de la matière organique contaminée par une bactérie ; paralysie sur 1 à 2 semaines ; allongement au sol et mort.	6
Dourine	*	*		Maladie vénérienne ; les parasites peuvent attaquer le système nerveux et, ce faisant, déclencher une incoordination et une paralysie.	2
Empoisonnement à l'amitraz	*			Substance chimique utilisée pour certains bains insecticides, toxique pour les équidés ; somnolence, incoordination et constipation.	6
Empoisonnement aux hydrocarbures chlorés	*			Dû à l'ingestion accidentelle de substances pour bains insecticides ; secousses musculaires, tremblements et convulsions ; parfois mortel.	6
Empoisonnement aux organophosphorés	*	*		Dû à l'ingestion accidentelle de substances chimiques pour bains insecticides ; perte de contrôle de la salivation, miction, etc., paralysie et mort.	6
Intoxication au tourteau de graines de ricin	*			Suite à une ingestion accidentelle ; diarrhée, douleurs abdominales, sueurs et incoordination ; parfois mortelle.	6

.../...

Tableau 5.25. suite

Maladie	Troubles nerveux	Paralysie	Raideurs	Tableaux épidémiologiques	Chap. vol. 2
Méningo-encéphalomyélites des équidés	*			Maladies transmises par des moustiques ; formes subcliniques à graves (fièvre, troubles nerveux, collapsus et mort).	4
Rage	*	*		Maladie sporadique survenant à la suite d'une morsure infligée par un chien ou un chacal infecté ; agression, hennissements, paralysie et mort.	1
Rachitisme			*	Rare ; membres déformés et arqués à la suite d'une carence en calcium ou en phosphore chez les jeunes animaux.	6
Tétanos	*			Survient à la suite d'une contamination de plaies, etc. ; raideurs au début, puis spasmes rigides généralisés, convulsions et mort.	6
Trypanosomoses	*			Maladies transmises par des mouches piqueuses (dont les glossines chez lesquelles les parasites se multiplient) ; amaigrissement chronique ; les parasites sont susceptibles de s'attaquer au système nerveux.	4

Les troubles de la reproduction

Il est essentiel de bien connaître le déroulement habituel de la mise à la reproduction et des naissances du bétail local pour y déceler d'éventuelles anomalies. En effet, certaines maladies n'ont pas d'autres manifestations que des retards à la reprise d'un cycle œstral ou des avortements précoces, indétectables en tant que tels. A cet égard, l'existence d'un contrôle individuel des performances de reproduction (mises bas, chaleurs, insémination...) est un outil incontournable qui doit être mis en place dès que les conditions d'élevage deviennent intensives, par exemple en élevage laitier périurbain. Ce contrôle de la reproduction permet de fournir les statistiques indispensables à un diagnostic de la situation au niveau du troupeau (taux de mise bas, fertilité, intervalle entre mises bas, taux d'avortement, mortalité néonatale...).

Les troubles de la reproduction peuvent être répertoriés en fonction de leurs effets sur la fécondité, la gestation, le fœtus et les organes génitaux.

La fécondité

Les éleveurs sont inquiets lorsque des animaux se révèlent inféconds et traversent la période de reproduction sans présenter de gestation. Les femelles infécondes peuvent ne pas avoir d'œstrus, ne pas revenir en chaleur après une mise bas, ou revenir en chaleur après avoir été inséminées (monte naturelle ou insémination artificielle). Lorsque l'infertilité est soupçonnée, il est important que le vétérinaire dispose d'un historique précis des interventions de reproduction dans le troupeau ; il sera alors possible de savoir si les femelles présentent ou pas des chaleurs et, dans l'affirmative, si elles reviennent en chaleurs à intervalles réguliers ou irréguliers après une mise à la reproduction. Toutefois, dans le cas de troupeaux importants, il est rare qu'un tel registre soit tenu à jour, et des cas d'infécondité y restent de ce fait souvent non détectés. En réalité, les cas d'infécondité vraie (défaut de fécondation) sont rares. Beaucoup de cas assimilés à de l'infécondité sont en fait liés à la mortalité précoce et inapparente de l'embryon qui se désagrège dans l'utérus et est résorbé par la mère (résorption embryonnaire) : celle-ci, entre alors de nouveau en œstrus comme si elle n'avait pas été fécondée lors de l'intervention précédente. La femelle nécessite donc plusieurs saillies ou inséminations artificielles avant de mettre bas.

La gestation

Chez une femelle gravide, certaines affections utérines peuvent entraîner la mort et l'expulsion du fœtus (avortement spontané). La mortalité précoce de l'embryon peut être confondue avec un défaut de fécondation, alors que la mortalité plus tardive du fœtus *in utero* se manifeste par un avortement. En cas d'avortement, il est important de déterminer à quel stade de développement se trouve l'embryon ou le fœtus expulsé, dans la mesure où cette information constitue un indice précieux pour le diagnostic. Pendant la gestation, le fœtus en développement se trouve à l'intérieur d'enveloppes membraneuses qui le protègent. Il est nourri par l'intermédiaire d'une structure particulière, le placenta. Certaines maladies entraînent une inflammation du placenta, ou placentite, ce qui provoque un avortement spontané : l'apparence du placenta, s'il peut être retrouvé, est utile pour le diagnostic (voir la figure 5.8).

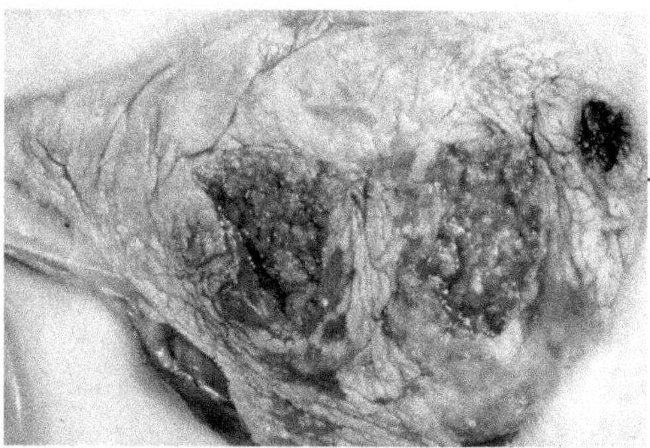

Figure 5.8.

Placentite due à la brucellose bovine. Le placenta est typiquement plus épais que la normale et d'une consistance rappelant celle du cuir (cliché CTVM).

Les avortements peuvent être déclenchés par des facteurs non spécifiques, tels que des fièvres élevées. Dans ce cas, il s'agit d'un mécanisme de défense naturel de la mère.

Les maladies qui ont des répercussions sur le fœtus en fin de gestation peuvent occasionner la naissance de mort-nés ou de nouveau-nés vivants mais faibles. Une même maladie peut se manifester par des signes cliniques divers au sein d'un troupeau, par exemple par des inféconditités, des avortements spontanés, des mort-nés (mortinatalité) ou des nouveau-nés affaiblis. Les maladies se traduisant par ces symptômes sont indiquées dans les tableaux 5.26 à 5.29.

Une autre conséquence possible de maladie ou d'infection atteignant des femelles gravides est la mise au monde de nouveau-nés souffrant de malformations congénitales, à l'instar du veau à 6 pattes visible sur la figure 1.7. L'arthrogrypose enzootique (maladie d'Akabane) et l'herpès des équidés en sont des exemples.

La première est une infection virale saisonnière des ruminants transmise par des moustiques et des moucherons. Ses effets pathologiques ne s'observent que chez les femelles gravides, entraînant des avortements, des mortinatalités ou la mise au monde de fœtus présentant des anomalies graves du cerveau, de la colonne vertébrale et des articulations. Des cas de cette maladie ont été déclarés en Australie, au Japon, en Corée, en Israël et au Kenya.

Les infections à virus herpétiques équins surviennent partout dans le monde. L'un de ces virus (EHV-1) est une cause importante d'avortements spontanés dans le cadre des programmes de sélection de chevaux. Les juments infectées à une date tardive au cours de la gestation sont les plus sensibles, avec pour résultat habituel la mise bas d'un poulain mort ou amené à mourir peu de temps après.

Les organes génitaux

Les maladies du système génital peuvent entraîner des inféconditiés ou des avortements sans que les reproducteurs ne présentent de symptômes. Plusieurs maladies occasionnent toutefois des lésions des organes génitaux externes cliniquement observables. Les mâles géniteurs présentent parfois une orchite — une inflammation des testicules, au cours de laquelle ces derniers deviennent chauds, douloureux et, parfois, enflés. Si, dans les cas graves, ces manifestations sont visibles, elles peuvent n'être détectables qu'à la palpation à cause de la peau du scrotum qui enveloppe et protège les testicules. Des lésions du pénis sont susceptibles de se traduire par des écoulements au niveau du méat urogénital, tout comme des maladies des voies génitales femelles en entraînent parfois au niveau de la vulve.

Certaines maladies affectant les organes génitaux, telles que la brucellose chez les ovins et les caprins (voir le tableau 5.27), déclenchent en parallèle une inflammation des glandes mammaires, encore appelée mammite. Les mamelles atteintes sont chaudes au toucher, douloureuses et parfois gonflées. Cette affection peut survenir isolément et constituer une maladie en elle-même — sans doute la plus importante dont souffrent les vaches laitières à hauts rendements (se reporter au volume 2).

Les maladies affectant le système reproducteur sont répertoriées dans les tableaux 5.26 à 5.29.

Tableau 5.26. Les maladies des bovins affectant le système reproducteur.

Maladie	inf	av	mn	mc	Lésions de l'appareil génital Mâle	Femelle	Tableaux épidémiologique et clinique	Vol. chap.
Arthrogrypose enzootique (maladie d'Akabane)		*		*			Maladie saisonnière transmise par des diptères piqueurs ; avortements spontanés et production de veaux souffrant de malformations du cerveau et des articulations.	1-5
Besnoitiose					*		Maladie de peau sporadique et chronique des bovins, souvent associée à une orchite.	2-4
Brucellose		*					Avortements du fœtus en fin de gestation chez les vaches reproductrices.	2-1
Campylobactériose	*	*					Infécondité temporaire et avortements spontanés occasionnels.	2-2
Carence en iode			*	*			Nouveau-nés faibles souffrant d'alopécie et affectés de goitres.	2-6
Carence en sélénium						*	Entraîne la rétention du placenta après la mise bas.	2-6
Chlamydiose		*					Rarement observée dans les systèmes pastoraux extensifs ; avortements tardifs.	
Epididymite infectieuse					*	*	Rare maladie vénérienne chronique des bovins.	2-2
Fièvre de la vallée du Rift		*		*			Maladie transmise par des moustiques ; dans les populations nées après l'interdiction des farines animales, avortements massifs des femelles gestantes et mortalité des veaux.	2-4
Fièvre Q (*Coxiella burnetti*)		*					Souvent cliniquement inapparent chez les ruminants ; avortements occasionnels.	
Leptospirose bovine	*	*				*	Mammites, avortements, stérilités, etc.	2-2
Maladie des muqueuses		*		*			Naissance de veaux présentant des malformations du cerveau et des yeux ; nouveau-nés aveugles présentant des anomalies de la position et de la démarche.	2-2
Métrite puerpérale						*	Associée aux contusions et/ou aux lésions tissulaires survenues au moment de la mise bas ; maladie souvent mortelle.	2-6

inf : infécondité ; av : avortements spontanés ; mn : mort-nés ; mc : malformations congénitales.

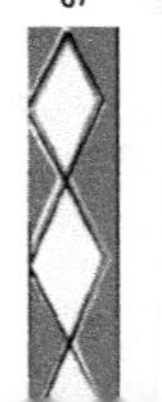

Tableau 5.26. suite

Maladie	inf	av	mn	mc	Lésions de l'appareil génital Mâle	Femelle	Tableaux épidémiologique et clinique	Chap. vol. 2
Rhinotrachéite infectieuse bovine (IBR)		*		*			Avortements tardifs ou veaux mourant peu de temps après la naissance.	2
Trichomonose	*				*	*	Infécondité temporaire due à la mort précoce de l'embryon ou du fœtus.	2
Vulvo-vaginite infectieuse pustuleuse (exanthème coïtal, IPV)					*	*	Infection vénérienne occasionnant une inflammation des organes génitaux, puis des pustules, puis des ulcères pour la vulve et le vagin.	2

inf : infécondité ; av : avortements spontanés ; mn : mort-nés ; mc : malformations congénitales.

Tableau 5.27. Les maladies des ovins et des caprins affectant le système reproducteur.

Maladie	inf	av	mn	nnf	mc	Lésions de l'appareil génital Mâle	Femelle	Tableaux épidémiologique et clinique	Vol. chap.
Agalactie contagieuse		*					*	Maladie des caprins affectant parfois les ovins ; fièvre, mammite, arthrite et parfois avortements spontanés.	2-1
Arthrogrypose enzootique (maladie d'Akabane)		*		*	*			Maladie saisonnière transmise par des diptères piqueurs ; avortements spontanés et production de nouveau-nés souffrant de malformations du cerveau et des articulations.	1- 5
Besnoitiose	*	*		*		*	*	Affecte les chèvres au Kenya ; infécondité, avortements, morts périnatales et kystes sur les oreilles, les yeux et/ou les organes génitaux.	2-4
Brucellose		*				*	*	Maladie contagieuse provoquant avortements, mammites et orchites.	2-1

inf : infécondité ; av : avortements spontanés ; mn : mort-nés ; nnf : nouveau-nés faibles ; mc : malformations congénitales.

.../...

Tableau 5.27. suite

Maladie	inf	av	mn	nnf	mc	Lésions de l'appareil génital – Mâle	Femelle	Tableaux épidémiologique et clinique	Chap. vol. 2
Carence en cuivre (ataxie enzootique)				*	*			Mouvements incontrôlés des membres postérieurs et paralysie chez les nouveau-nés de mères carencées en cuivre.	6
Carence en iode			*	*	*			Dans les zones où ce problème est prévalent, taux élevé de mortinatalité et de nouveau-nés affaiblis affectés d'alopécie et de goitres.	6
Chlamydiose		*	*	*				Cosmopolite chez les ovins mais rarement observée dans les systèmes pastoraux extensifs ; avortements tardifs.	1
Fièvre à tiques, fièvre des pâtures (ehrlichiose à *Ehrlichia phagocytophyla*)		*						Des avortements sont parfois signalés, peut-être provoqués par la fièvre élevée. Maladie des régions tempérées d'Europe, d'Afrique et d'Asie.	4
Fièvre de la vallée du Rift		*						Maladie transmise par des moustiques ; bénigne pour les adultes, mais les femelles gravides sont susceptibles d'avorter.	4
Fièvre Q (*Coxiella burnetti*)		*						Souvent cliniquement inapparente chez les ruminants ; avortements occasionnels	
Maladie de la frontière (hypomyélogenèse du mouton)	*	*		*	*			Maladie peu fréquente ; les agneaux infectés *in utero* présentent un pelage pigmenté et hirsute ainsi que des mouvements saccadés.	2
Maladie de Nairobi		*						Les animaux non indigènes sont plus sensibles ; fièvre, écoulements au niveau des yeux et du nez, dysenterie, avortements et mort.	4
Métrite puerpérale							*	Infection des tissus endommagés lors de la mise bas ; écoulements putrides au niveau de la vulve ; parfois mortelle.	6

inf : infécondité ; av : avortements spontanés ; mn : mort-nés ; nnf : nouveau-nés faibles ; mc : malformations congénitales.

Tableau 5.28. Les maladies des porcs affectant le système reproducteur.

Maladies	av	mn	nnf	mc	Tableaux épidémiologique et clinique	Chap. vol. 2
Carence en iode			*	*	Taux élevé de nouveau-nés faibles affectés d'alopécie et de goitres.	6
Brucellose	*	*	*		L'infection par *Brucella suis* entraîne une maladie chronique avec avortements ou la production de porcelets faibles ou mort-nés ; les mâles atteints présentent parfois des orchites.	1
Encéphalite japonaise	*	*		*	Maladie transmise par des moustiques ; l'infection accidentelle de truies gravides entraîne avortements, mortinatalité ou production de porcelets souffrant de malformations congénitales.	4
Peste porcine africaine	*				Maladie majeure des porcins transmise par des tiques molles et par contact direct ; des avortements spontanés peuvent compter au nombre des signes cliniques.	1
Peste porcine classique	*		*	*	Maladie hautement infectieuse rappelant la peste porcine africaine ; l'infection en cours de gestation entraîne des avortements ou la production de porcelets faibles et affectés de tremblements.	1

av : avortements spontanés ; mn : mort-nés ; nnf : nouveau-nés faibles ;
mc : malformations congénitales.

Tableau 5.29. Les maladies des équidés affectant le système reproducteur.

Maladie	Tableaux épidémiologique et clinique	Vol. chap.
Anémie infectieuse des équidés	Maladie transmise par des mouches piqueuses ; fièvre, écoulements et/ou hémorragies au niveau des yeux, du nez et de la bouche ; œdèmes sur l'abdomen, les membres et le fourreau (chez l'étalon).	2-4
Besnoitiose	Maladie peu fréquente ; les parasites forment des kystes dans la peau, y compris au niveau du scrotum.	2-4
Brucellose	Maladie accidentelle rare, généralement transmise par des bovins infectés ; peu entraîner des avortements.	2-1
Carence en iode	Cosmopolite mais sporadique ; les jeunes nés de mères carencées sont faibles, présentent un poil clairsemé et souffrent de goitres.	2-6
Dourine	Maladie vénérienne sporadique, chronique ; commence par des gonflements œdémateux et des écoulements au niveau des organes génitaux, fièvre ; puis dépérissement et mort.	2-2
Virus herpétique équin	Maladie contagieuse ; répandue dans le monde et cause majeure d'avortements dans les programmes de reproduction d'équidés.	1-5 p. 121

Les maladies des chameaux

Les maladies des chameaux[1] ne figurent pas dans les tableaux 5.1 à 5.29. En effet, la littérature vétérinaire est moins étendue sur ce sujet que sur les affections des autres animaux domestiques. Il était donc plus commode de regrouper toutes les maladies des chameaux décrites dans le volume 2 dans un seul tableau de diagnostic, le tableau 5.30.

Tableau 5.30. Les maladies des chameaux à une ou deux bosses.

Maladie	Tableaux épidémiologique et clinique	Chap. vol. 2
Charbon bactéridien	Une forme subaiguë est observée chez les chameaux ; fièvre élevée et mort après plusieurs jours.	1
Ecthyma contagieux	Croûtes à vif, douloureuses, saignantes, sur la tête et autour de la bouche ; possibilité de confusion avec une variole.	1
Fièvre de la vallée du Rift	Maladie transmise par des moustiques ; fièvre et mort chez les jeunes animaux ; avortements chez les femelles gravides.	4
Gale	Affection parasitaire fréquente de la peau ; prurit intense ; les principales régions affectées sont le cou, l'intérieur des cuisses et les flancs ; peut occasionner la mort de l'animal.	3
Helminthoses	Peut devenir un problème majeur, surtout l'hæmonchose ; anémie et diarrhée ; la période critique correspond à la fin de la saison sèche et au début de la saison des pluies ; œdèmes au niveau de la tête dans les cas graves.	5
Malnutrition (dénutrition)	Survient à la suite de surpâturages dus à la sécheresse, etc. ; amaigrissement et mort ; la présence concomitante d'autres problèmes (par ex. helminthoses) peut induire des complications.	6
Onchocercose	Petits vers propagés par des mouches et des moucherons ; les larves (microfilaires) forment sous la peau des nodules bénins de taille réduite.	4
Paralysie à tiques	Peut-être fréquente (mais mal connue) ; observée le plus souvent chez des animaux jeunes ; des toxines secrétées par certaines tiques entraînent une incoordination, une paralysie ascendante, l'allongement au sol et la mort par défaillance respiratoire.	4
Paratuberculose (entérite paratuberculeuse)	Maladie sporadique peu fréquente dans les régions intertropicales ; atteint les animaux adultes ; maladie chronique affaiblissante entraînant des diarrhées ; généralement mortelle.	1

---

1. Les chameaux à une bosse sont également appelés dromadaires ou chameaux arabes, les chameaux à deux bosses sont les chameaux de Bactriane.

Tableau 5.30. suite

Maladie	Tableaux épidémiologique et clinique	Chap. vol. 2
Plaies de harnais	Lésions associées à un harnachement mal ajusté ou inadapté ; les plages de peau à vif peuvent s'infecter et devenir douloureuses.	6
Teigne	Mycose peu fréquente de la peau ; croûtes grisâtres, surélevées, circulaires, généralement sur la tête et le cou ; le plus souvent liée au surpeuplement.	1
Thélaziose (vers des yeux)	Infection bénigne des yeux transmise par des mouches ; occasionne parfois des inflammations et des ulcérations oculaires.	4
Tuberculose	Rare ; infection chronique de la cavité abdominale et des organes, y compris les poumons ; dégradation de l'état général et toux chronique.	1
Trypanosomose	Maladie chronique affaiblissante transmise par des mouches piquantes, surtout les taons ; problème majeur dû à *Trypanosoma evansi* ; fièvre, anémie, écoulements au niveau des yeux, parfois troubles nerveux et souvent mort. Les chameaux sont également sensibles aux trypanosomoses africaines transmises par les glossines.	4
Variole cameline	Maladie fréquente ; atteint plus sévèrement les jeunes animaux ; fièvre, pustules pleines de pus qui s'encroûtent et cicatrisent en 2 à 4 semaines ; généralement sur les lèvres, parfois plus étendue.	1

6. La répartition géographique des maladies

Au cours des chapitres précédents, nous avons vu de quelle manière les maladies se manifestent et comment elles peuvent être diagnostiquées. Toutefois, l'étude des maladies comporte un autre volet tout aussi important : leur répartition géographique et les facteurs qui les déterminent. Certaines affections présentent une répartition cosmopolite et apparaissent partout dans le monde, tandis que d'autres ne sont connues que dans des territoires restreints. Les facteurs qui président aux localisations géographiques sont nombreux ; si certains sont d'origine naturelle, d'autres sont liés à l'action de l'homme.

Une bonne connaissance des aires de répartition des maladies peut se révéler extrêmement précieuse pour faciliter le diagnostic. Ainsi face à des bovins présentant les symptômes d'une anémie associés à un gonflement des ganglions lymphatiques, en Amérique du Sud, est-il possible d'exclure la theilériose (à moins que les animaux aient été importés récemment) dans la mesure où cette maladie transmise par des tiques n'existe pas sur le continent américain, car les vecteurs, tiques du genre *Hyalomma* n'y existent pas ; ce ne serait pas le cas en Afrique.

Le présent chapitre se propose de décrire brièvement la répartition géographique des maladies qui seront ensuite détaillées dans le volume 2 ou qui sont mentionnées dans ce volume. Les maladies cosmopolites qui se manifestent dans le monde entier sont répertoriées dans le tableau 6.1, tandis que celles dont la répartition est plus circonscrite font l'objet d'une série de cartes.

Il convient d'insister, toutefois, sur le caractère uniquement indicatif de ces cartes qui ne doivent en aucune façon être considérées comme la représentation définitive de la distribution des maladies. Ces dernières sont des phénomènes dynamiques, et leurs aires de répartition sont susceptibles de s'étendre ou de se contracter, souvent très rapidement, sous l'action de divers facteurs.

Les maladies cosmopolites

▍▶ Les maladies infectieuses contagieuses

Un grand nombre des maladies infectieuses contagieuses qui existent dans les régions intertropicales — y compris les affections par ailleurs vénériennes ou congénitales — sont également présentes sur le reste de la planète. La raison en est qu'elles sont capables de se propager d'un animal à l'autre sans dépendre de vecteurs de transmission particuliers, liés à un climat particulier, et ce, en tout point du globe, surtout quand le micro-organisme pathogène est résistant dans le milieu, tel le virus de la fièvre aphteuse. Il en résulte qu'environ la moitié des maladies infectieuses et contagieuses décrites dans cet ouvrage peuvent se rencontrer dans le monde entier et figurent par conséquent dans le tableau 6.1.

Tableau 6.1. Les maladies et les parasites cosmopolites du bétail.

Maladies infectieuses contagieuses

Maladies du bétail en général :* Brucellose (tous) • Charbon bactéridien (tous) • Coccidiose (tous) • Diarrhée néonatale (tous) • Rage (tous) • Salmonellose (tous) • Teigne (tous) • Tuberculose (tous)

Maladies des ruminants et des grands camélidés : Chlamydiose (ov.) • Dermatophilose (bov., ov., cap.) • Ecthyma contagieux (ov., cap., cam.) • Coryza gangreneux (fièvre catarrhale des bovins) (bov., buf.) • Lymphadénite caséeuse (ov., cap.) • Rouget (ov.) • Paratuberculose (bov., ov., cap., cam.) • Piétin (ov., cap.)

Maladies des porcs : Rouget • Variole porcine

Maladies des équidés : Dermatophilose • Lymphangite épizootique • Lymphangite ulcéreuse Virus herpétique équin

Maladies vénériennes et congénitales

Campylobactériose (bov.) • Maladie des muqueuses (bov.) • Rhinotrachéite infectieuse bovine (bov., buf.) • Trichomonose (bov.) • Vulvo-vaginite infectieuse pustuleuse (bov., buf.)

Affections liées à des arthropodes

Mouches piqueuses et source de perturbation : Hæmatobies (bov., buf.) • Hippobosque (bov., éq.) • Mélophage du mouton (ov.) • Moucherons *Culicoides* (tous) • Moustiques (tous) • Simulies (tous) • Stomoxes (tous) • Tabanidés (tous)

Mouches à myiases : Hypodermes (bov., Éq.) (hémisphère nord) • *Lucilia, Calliphora, Phormia* (surtout les ovins) • Œstre du mouton (ov., cap.)

Autres arthropodes : Acariens des gales • Poux • Puces • Tiques

Maladies transmises par des mouches : Habronémose cutanée équine (éq.) • Kérato-conjonctivite infectieuse des bovins (bov., ov., cap.) • Nodules vermineux (bov., éq., cam.) • Thélaziose (bov., ov., éq., cam., buf.)

Helminthoses

Vers ronds : Ascaridiose du veau (bov., buf.) • Gastro-entérite parasitaire, helminthes digestifs (rum., cam.) • Strongles respiratoires (rum.)

Douves : Dicrocœliose, petite douve du foie (rum.) • Fasciolose, grande douve du foie (rum.) Paramphistomose (rum.)

Autres : Helminthoses équines • Helminthoses porcines • Ténias

Helminthoses zoonotiques : Hydatidose (chiens, humains + tous) • *Taenia saginata* (bov. et hom.) • *Taenia solium* (por. et hom.) • *Trichinella spiralis* (por. et hom.)

Problèmes liés aux conditions d'élevage ou aux facteurs environnementaux

Infections : Mammites (tous) • Pasteurelloses (bov., ov.) • Plaies de harnais (tous) • Toxémies à clostridies (tous)

Problèmes divers : Botulisme (tous) • Carences, déséquilibres alimentaires (tous) • Déséquilibres métaboliques (rum.) • Météorisation (rum.) • Stress thermique (tous)

Intoxications par des plantes vénéneuses : Cyanure (rum.) • Fougère grand aigle (bov., ov.) • Nitrates, nitrites (bov., ov.) • Sénéciose (éq., bov.)

Intoxications alimentaires : Acidose ruminale (rum.) • Tourteau de graines de coton (por.) • Tourteau de graines de ricin (tous)

Mycotoxicoses : Aflatoxicose (por., veaux) • Ergotisme (tous)

Empoisonnements par des substances chimiques agricoles : Amitraz (éq.) • Arsenic (tous) • Hydrocarbures chlorés (tous) • Organophosphorés (tous)

---

* Le germe trouvé dans une espèce n'affecte pas forcément une autre espèce.
bov. = bovins (taurins et zébus) ; buf. = buffles ; cam. = camelins ; cap. = caprins ; éq. = équins ; hom. = homme ; ov. = ovins ; por. = porcins ; rum. = ruminants

▌▶ Les affections liées aux arthropodes

Les insectes diptères : mouches, moustiques et moucherons

La plupart des genres de mouches, moustiques et moucherons d'intérêt vétérinaire sont présents partout dans le monde. Leur abondance locale est toutefois sujette à des variations considérables et leur nombre est plus souvent une source de problèmes dans les régions à climat tropical ou subtropical que dans celles où règne un climat tempéré. Il en résulte que les maladies transmises par des mouches ont une importance plus grande sous les climats chauds et que seul un petit groupe d'entre elles occupe une aire planétaire. Ainsi, si les tabanidés sévissent partout, ce n'est que sous les climats tropicaux et subtropicaux qu'ils sont présents en quantités suffisantes pour pouvoir assurer la transmission de *Trypanosoma evansi*, un important parasite du sang des animaux domestiques.

Les poux, les puces et les acariens

Ces espèces sont des parasites cutanés réellement cosmopolites, dont la présence est souvent associée à des facteurs prédisposants tels que le manque d'hygiène et le surpeuplement.

▷ Les helminthoses

La plupart des grandes helminthoses du bétail ont une répartition planétaire, bien que l'influence de paramètres tels que le climat et l'intensité de pâturage des parcours soit considérable.

▷ Les problèmes liés aux conditions d'élevage ou aux facteurs environnementaux

La plupart des problèmes de ce type sont susceptibles de survenir partout dans le monde. Les principales exceptions sont les intoxications par consommation de plantes vénéneuses, dont beaucoup ont une aire de répartition restreinte.

Les maladies géographiquement circonscrites

La répartition géographique de ces maladies apparaît sur les cartes des figures 6.1 à 6.10.

▷ Les maladies infectieuses contagieuses, vénériennes et congénitales

De nombreuses maladies infectieuses contagieuses qui prévalent sous les tropiques ont une aire de répartition cosmopolite. Si celles qui font l'objet des figures 6.1 à 6.4 ont une répartition plus restreinte, certaines d'entre elles étaient autrefois connues sur des territoires bien plus étendus. Ainsi la fièvre aphteuse, maladie hautement infectieuse, était-elle présente partout en Europe jusqu'à ce que des mesures de lutte aient réussi à l'éradiquer dans la majeure partie de ce continent. De même, la peste bovine était autrefois une maladie mortelle dans la plus grande partie de l'Asie, de l'Europe et de l'Afrique, qu'un programme de lutte — axé sur des campagnes de

vaccinations en Afrique et sur une série de mesures sanitaires en Europe — est presque parvenu à faire disparaître. Il est essentiel de bien comprendre ce type d'évolution, car ces maladies en voie de régression sont susceptibles de réapparaître dans les pays où elles étaient présentes autrefois dès lors que les mesures qui permettent de les maîtriser, telles que le contrôle du transport de bétail, sont remises en cause de quelque manière que ce soit.

Les affections liées à des arthropodes

Les mouches à myiases

Contrairement aux mouches piqueuses et sources de gêne, certaines espèces responsables de myiases (voir le chapitre 1 et le volume 2) ont des aires de répartition localisées (se reporter aux cartes de la figure 6.5). Un cas particulièrement intéressant est celui d'une espèce américaine, la lucilie bouchère américaine, *Cochliomyia hominivorax,* dont les larves en forme de vis s'enfoncent dans les tissus de l'hôte et produisent des lésions malodorantes de grande taille. Cette espèce fut introduite par mégarde en Libye, d'où elle fut ensuite éradiquée en 1991.

Les maladies transmises par des diptères

Ces maladies font l'objet des figures 6.6 à 6.8. Les trypanosomoses, propagées par des mouches tsé-tsé, ou glossines, en constituent l'un des groupes les plus importants. Comme, d'une part, ces mouches ont une aire de répartition qui se limite à l'Afrique subsaharienne et que, d'autre part, les trypanosomes doivent nécessairement transiter par l'un de ces insectes pour compléter leur cycle de vie, ces maladies restent, pour la plupart, confinées au continent africain. A un moment ou à un autre de l'histoire, toutefois, du bétail d'origine africaine a introduit le parasite *Trypanosoma vivax* en Amérique du Sud, où il s'est établi en se propageant par transmission mécanique (voir le chapitre 2) par l'intermédiaire d'autres espèces de mouches piqueuses.

Au nombre des maladies transmises par des moucherons (*Culicoides*), la peste équine africaine constitue un cas intéressant. De temps à autre, des insectes infectés sont emportés par le vent et introduisent la maladie dans les pays bordant l'Afrique subsaharienne, la zone d'endémie. Les épidémies qui sont déclenchées de la sorte restent de courte durée, à l'image de celles qui sont survenues récemment au Maroc, dans le sud de l'Espagne et au Moyen-Orient.

Les maladies transmises par des tiques

La figure 6.9 est consacrée à ces affections. Contrairement aux mouches, les tiques ont des aires de répartition relativement peu étendues qui dictent en grande partie celles des maladies qui leur sont associées. En effet, certaines de ces maladies ne pouvant être transmises que par leur intermédiaire, leur répartition reflète précisément celles des vecteurs : c'est le cas, par exemple, des babésioses, des theilérioses, de la cowdriose et de la maladie de Nairobi. En revanche, l'anaplasmose bovine à *Anaplasma marginale* constitue une exception qui mérite d'être relevée. Cette rickettsiose est principalement transmise par les espèces de tiques *Boophilus* qui sont également responsables de la propagation de *Babesia bigemina* et *Babesia bovis* chez les bovins ; il en résulte que sa répartition géographique recouvre celle de ces deux infections (voir les figures 6.9.1 à 6.9.3). Toutefois, *A. marginale* étant susceptible d'être transmise par beaucoup d'autres espèces de tiques et de mouches piqueuses ainsi que par des seringues et d'autres instruments contaminés, elle s'étend sur un territoire qui déborde sensiblement des aires de *B. bovis* et *B. bigemina*.

▌▶ Les helminthoses et autres

Certaines helminthoses ont une répartition plus ou moins localisée. Les vers de l'oreille se trouvent dans le sud de l'Afrique et à Madagascar. La schistosomose à *Schistosoma nasalis* et le cancer des cornes se trouvent surtout dans le sous-continent indien (figure 6.10).

6.1.1.
Dermatophilose
sévère (bov., ov., cap.)
La maladie atténuée
est cosmopolite

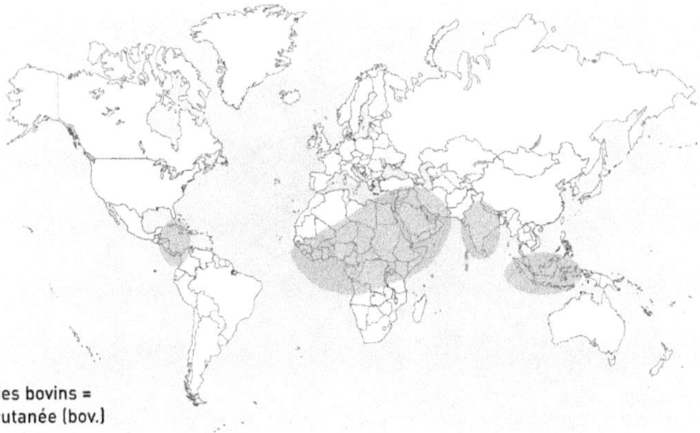

6.1.2.
Farcin des bovins =
morve cutanée (bov.)

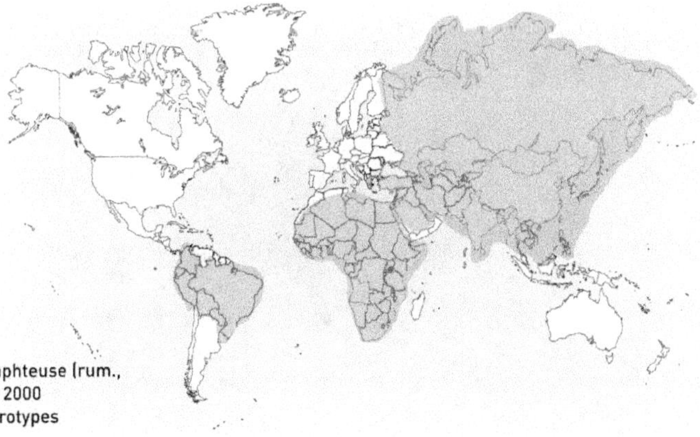

6.1.3.
Fièvre aphteuse (rum.,
por.) en 2000
Tous sérotypes

Figure 6.1. Maladies infectieuses et contagieuses du bétail, en général, ou des bovins et des buffles, en particulier.

6.1.4.
Coryza gangreneux
= fièvre catarrhale
maligne liée au gnou
(bov.)

6.1.5.
Maladie de Jembrana
(bov.)

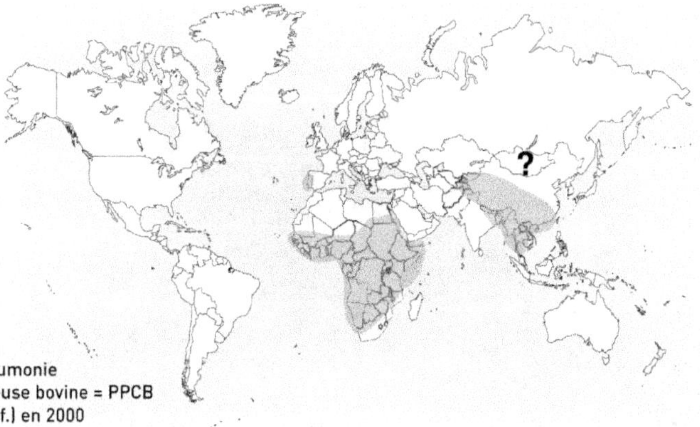

6.1.6.
Péripneumonie
contagieuse bovine = PPCB
(bov., buf.) en 2000

Figure 6.1. (suite) Maladies infectieuses et contagieuses du bétail, en général, ou des bovins et des buffles, en particulier.

6.1.7.
Peste bovine (rum., por.)
en 2000

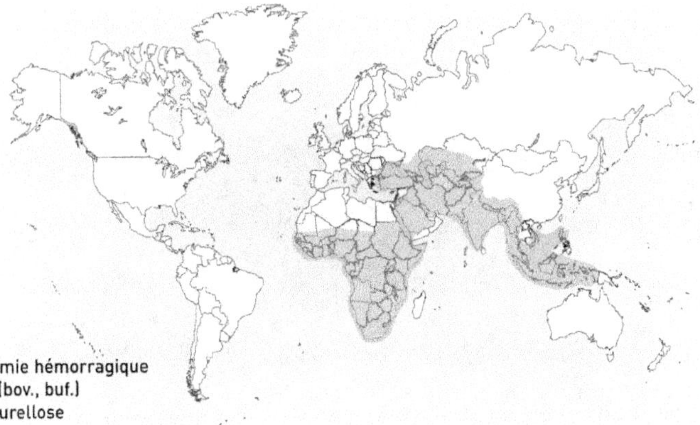

6.1.8.
Septicémie hémorragique
bovine (bov., buf.)
= pasteurellose

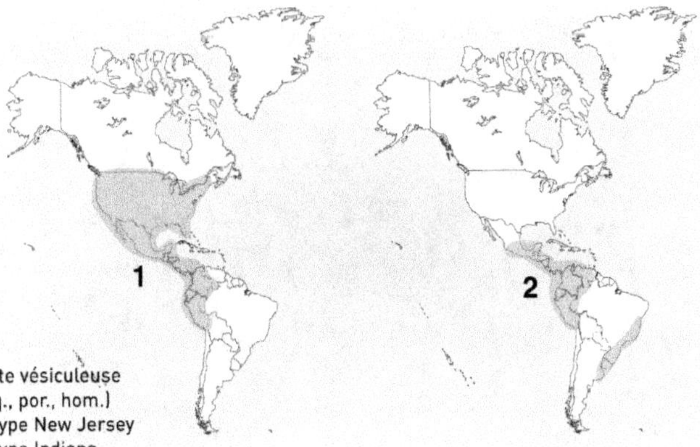

6.1.9.
Stomatite vésiculeuse
(bov., éq., por., hom.)
1. Sérotype New Jersey
2. Sérotype Indiana

Figure 6.1. (suite) Maladies infectieuses et contagieuses du bétail, en général, ou des bovins et des buffles, en particulier.

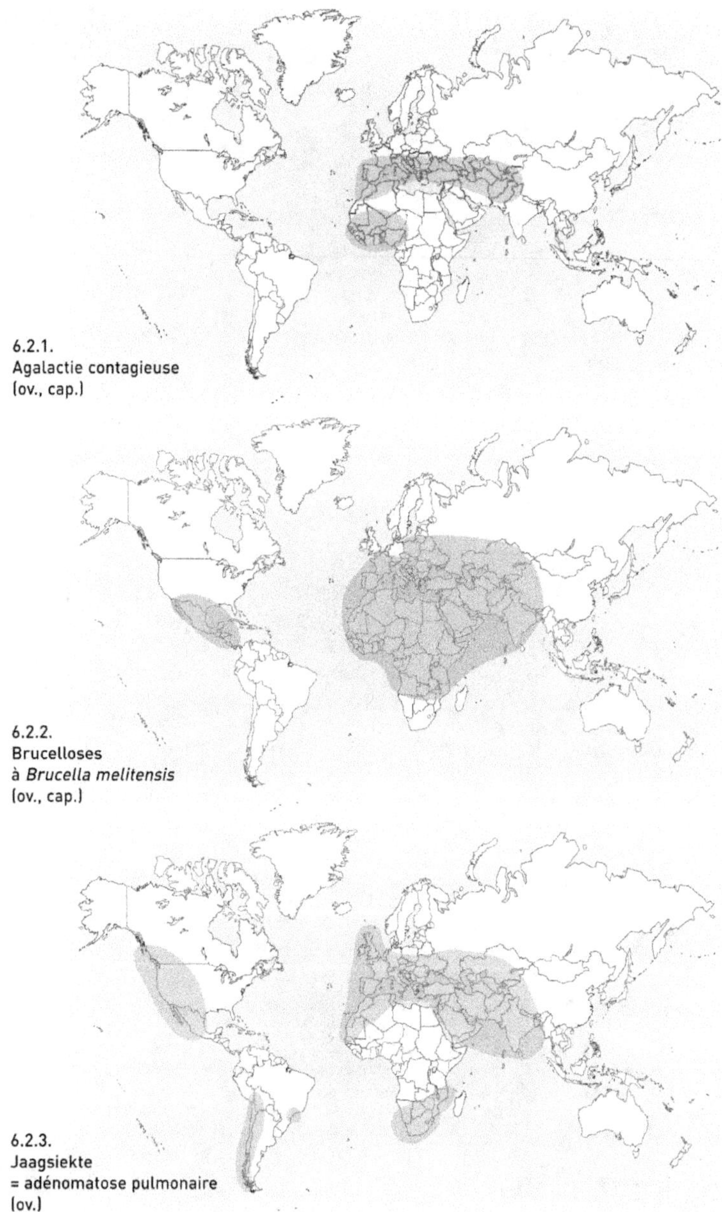

Figure 6.2. Maladies infectieuses et contagieuses des moutons, chèvres et camélidés.

6.2.4.
Maedi-visna (ov., cap.)

6.2.5.
Peste des petits
ruminants (ov., cap.)
en 2001

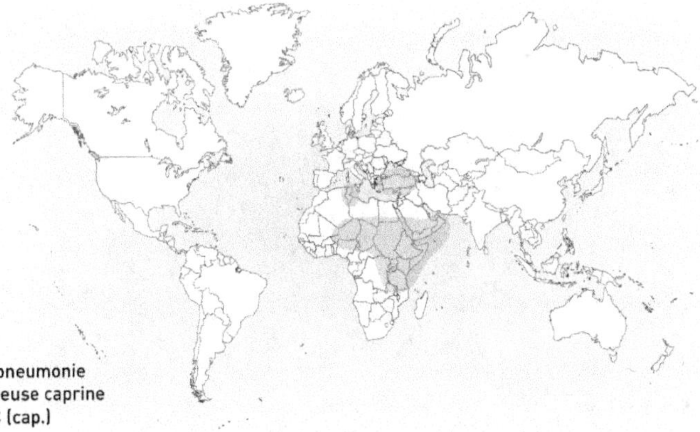

6.2.6.
Pleuropneumonie
contagieuse caprine
= PPCC (cap.)

Figure 6.2. (suite) Maladies infectieuses et contagieuses des moutons, chèvres et camélidés.

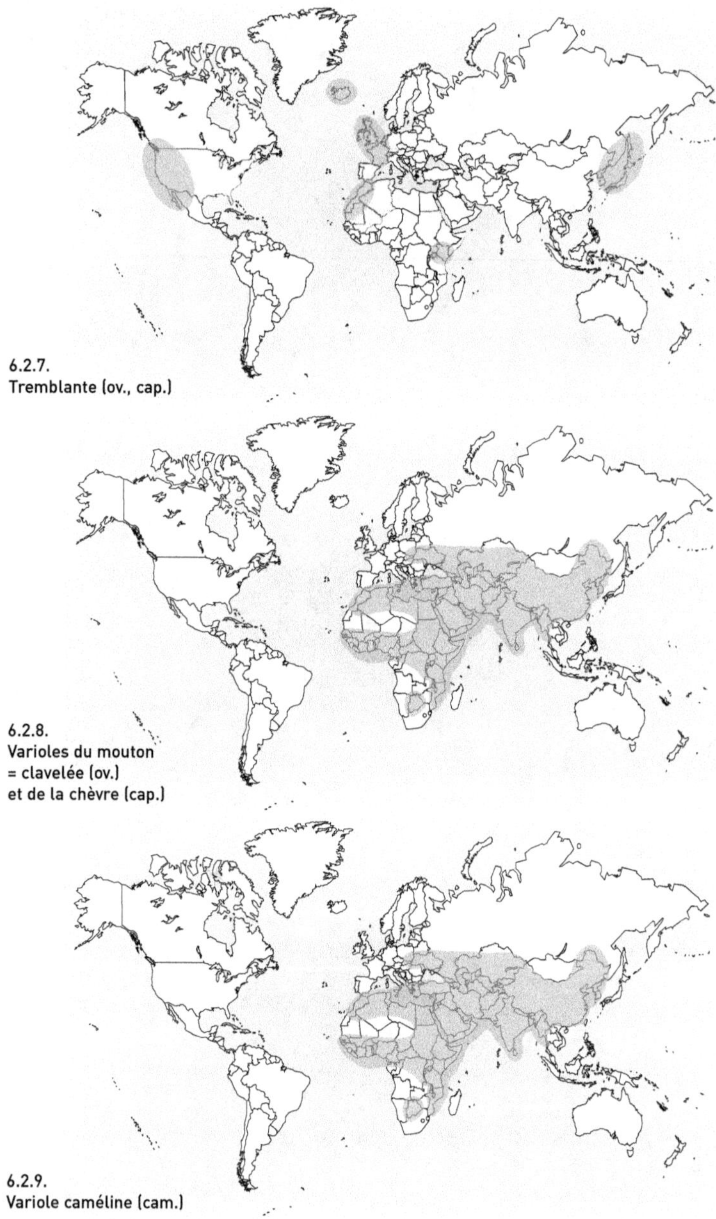

Figure 6.2. (suite) Maladies infectieuses et contagieuses des moutons, chèvres et camélidés.

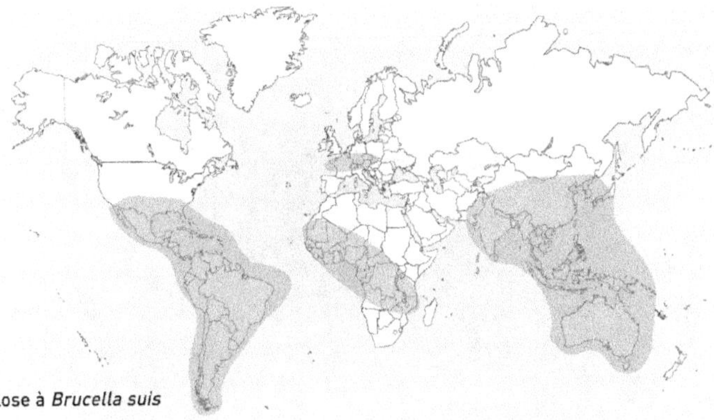

6.3.1.
Brucellose à *Brucella suis*
(por.)

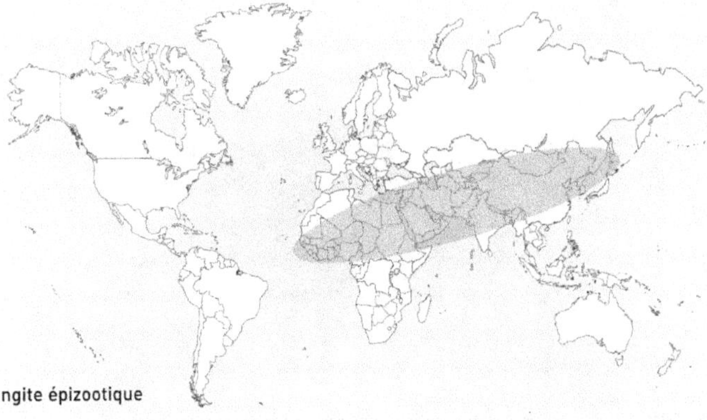

6.3.2.
Lymphangite épizootique
(éq.)

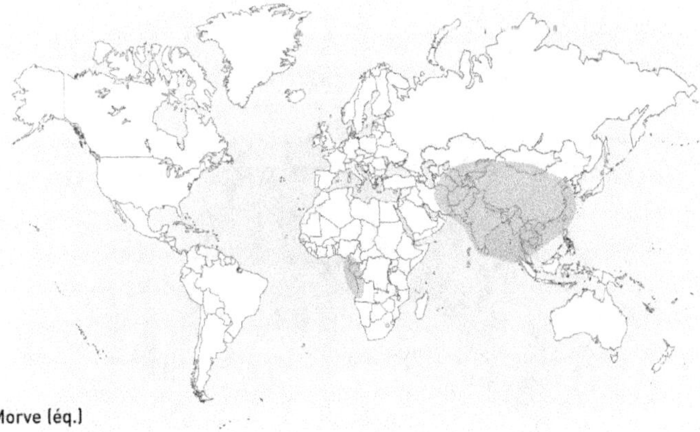

6.3.3. Morve (éq.)

Figure 6.3. Maladies infectieuses et contagieuses des chevaux, ânes et porcs.

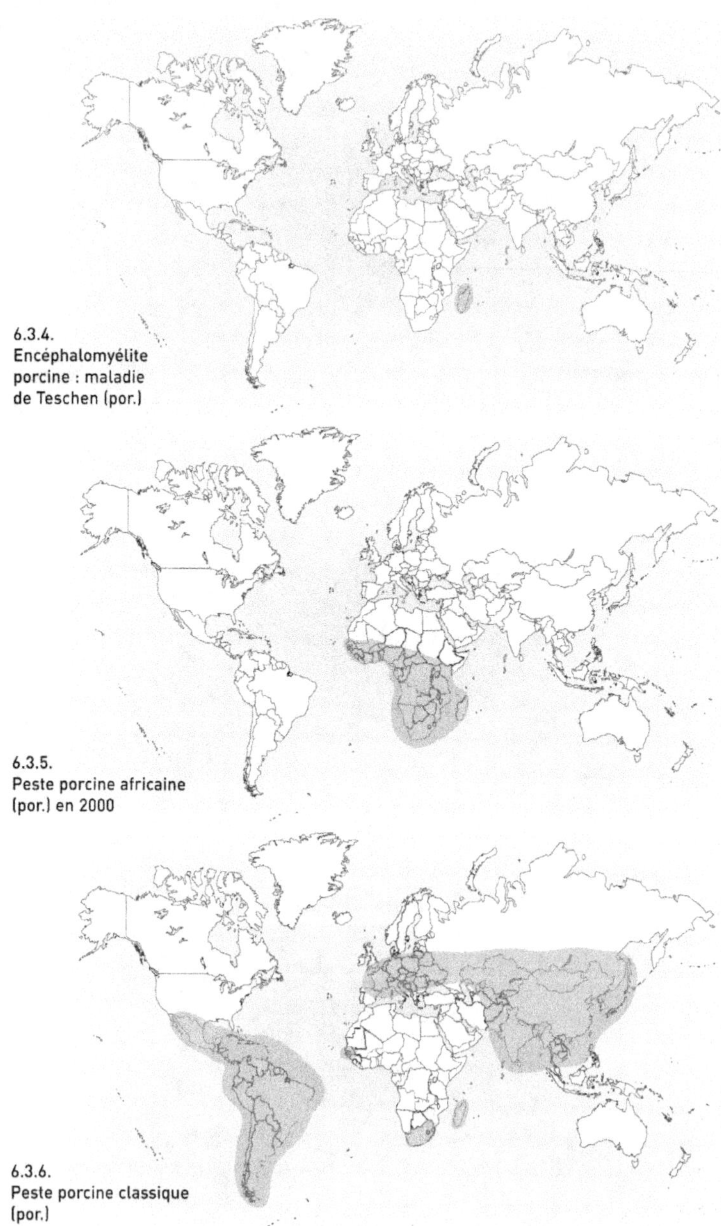

Figure 6.3. (suite) Maladies infectieuses et contagieuses des chevaux, ânes et porcs.

6.4.1.
Dourine (éq.)
Rapportée aussi en Chine,
en Russie et en Italie.

6.4.2.
Epididymite infectieuse
bovine = cervico-vaginite
(bov.)

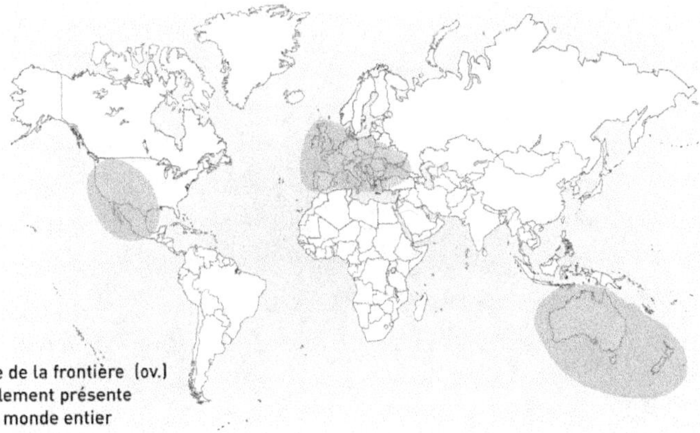

6.4.3.
Maladie de la frontière (ov.)
Probablement présente
dans le monde entier

Figure 6.4. Maladies vénériennes et congénitales infectieuses.

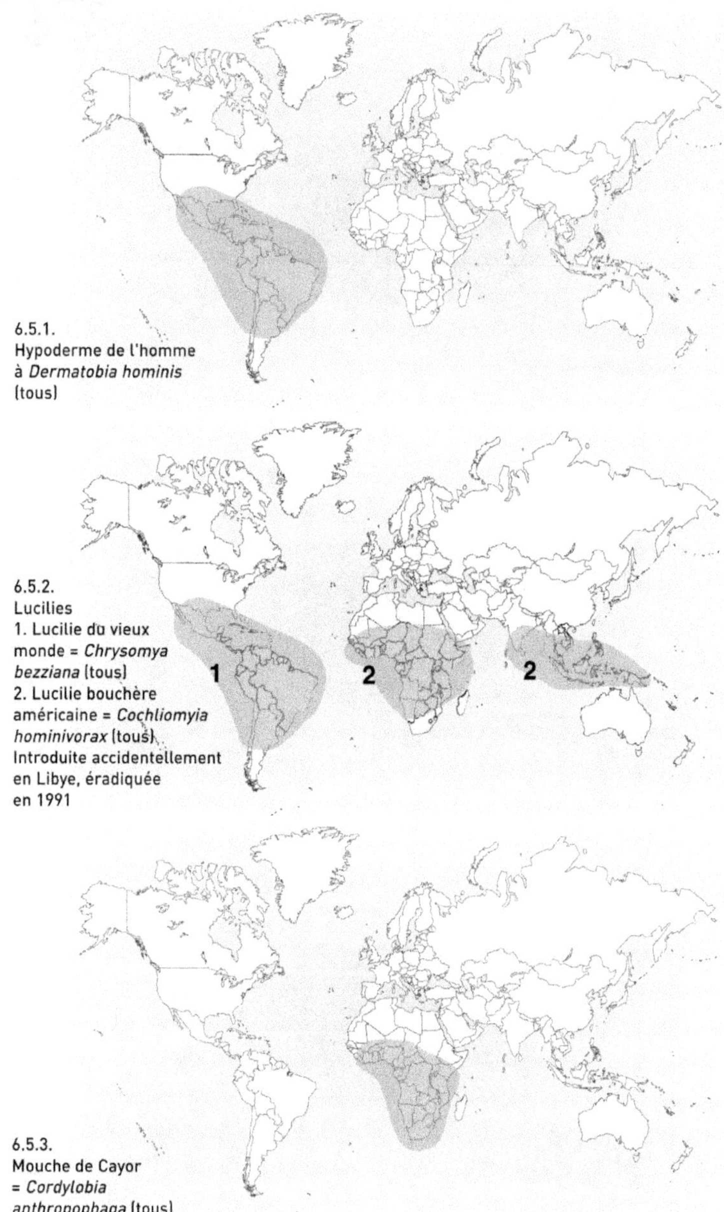

Figure 6.5. Insectes (diptères).

6.6.1.
Trypanosomoses
transmises
par la mouche tsé-tsé
(tous)

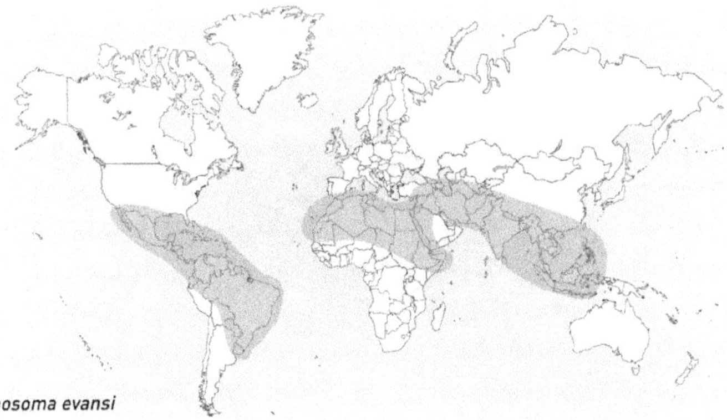

6.6.2.
Trypanosoma evansi
(tous)

6.6.3. *Trypanosoma vivax*
(rum.) transmis par les
mouches piqueuses

Figure 6.6. Maladies transmises par des diptères du bétail en général.

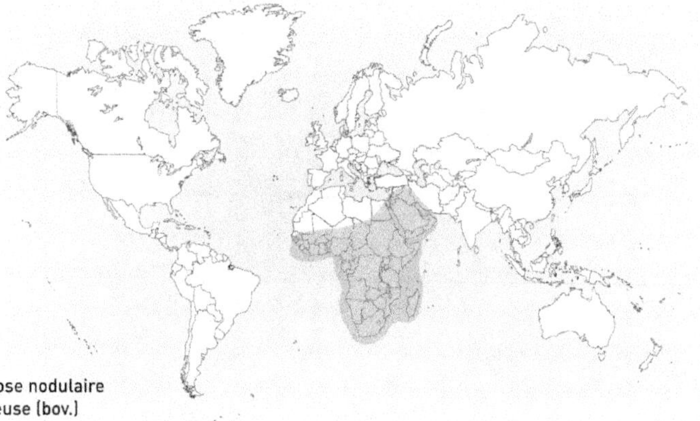

6.7.1.
Dermatose nodulaire
contagieuse (bov.)

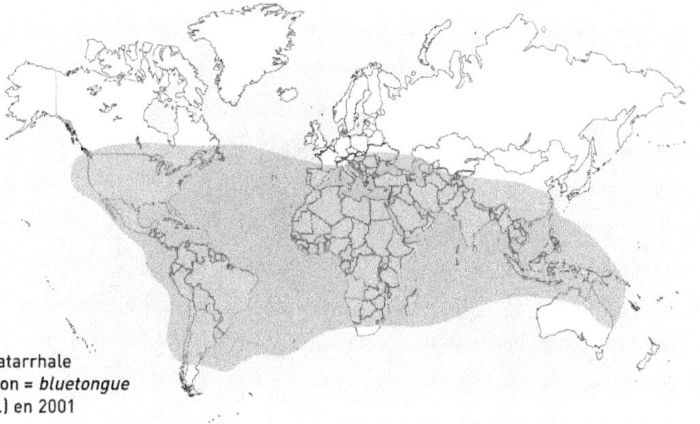

6.7.2.
Fièvre catarrhale
du mouton = *bluetongue*
(ov., cap.) en 2001

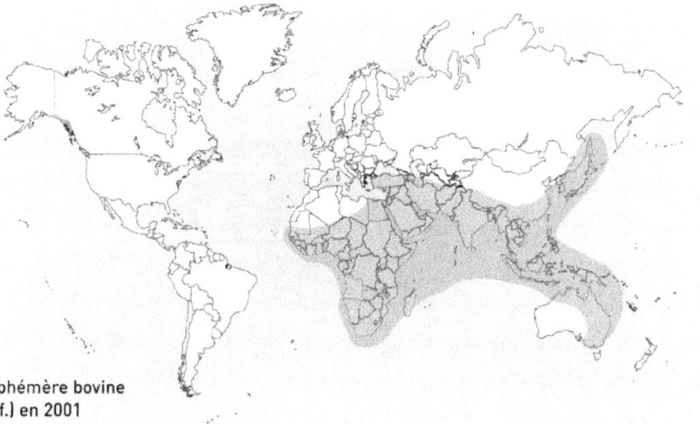

6.7.3.
Fièvre éphémère bovine
(bov., buf.) en 2001

Figure 6.7. Maladies transmises par des diptères aux ruminants.

6.7.4.
Fièvre de la vallée du Rift
(rum., cam., hom.)
en 2001

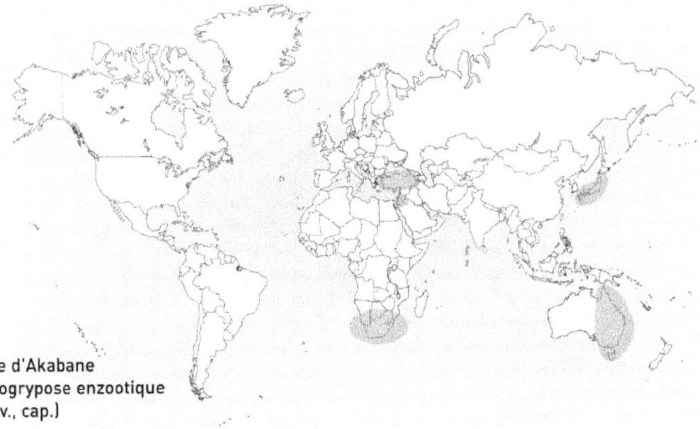

6.7.5.
Maladie d'Akabane
= arthrogrypose enzootique
(bov., ov., cap.)

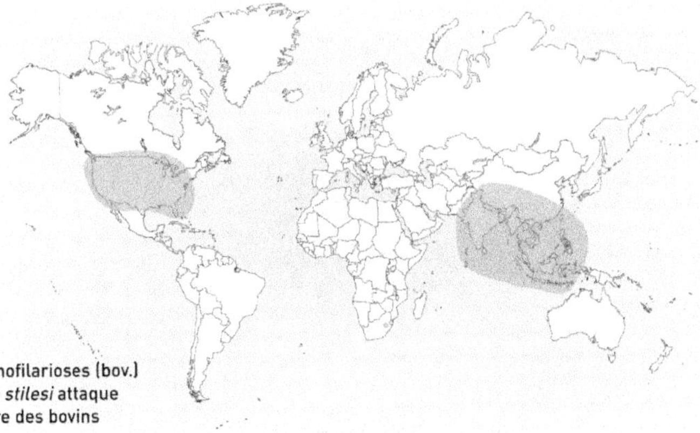

6.7.6.
Stéphanofilarioses (bov.)
Stilesia stilesi attaque
le ventre des bovins

Figure 6.7. (suite) Maladies transmises par des diptères aux ruminants.

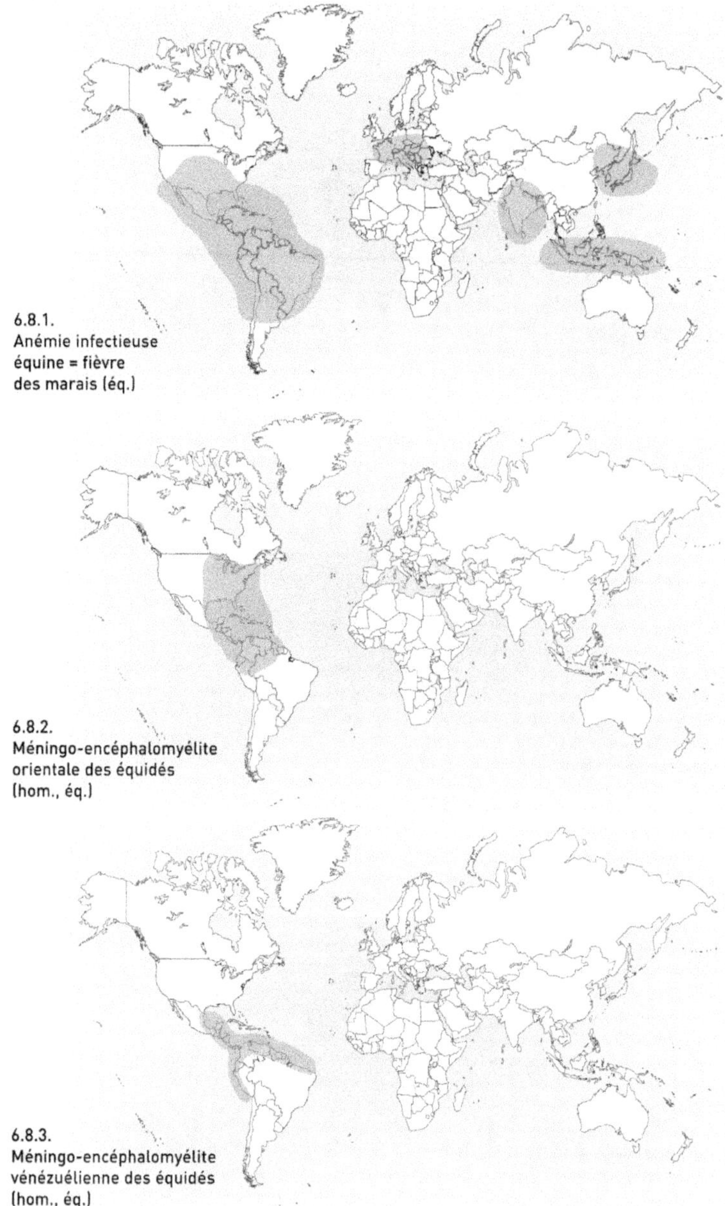

Figure 6.8. Maladies transmises par des diptères aux équidés.

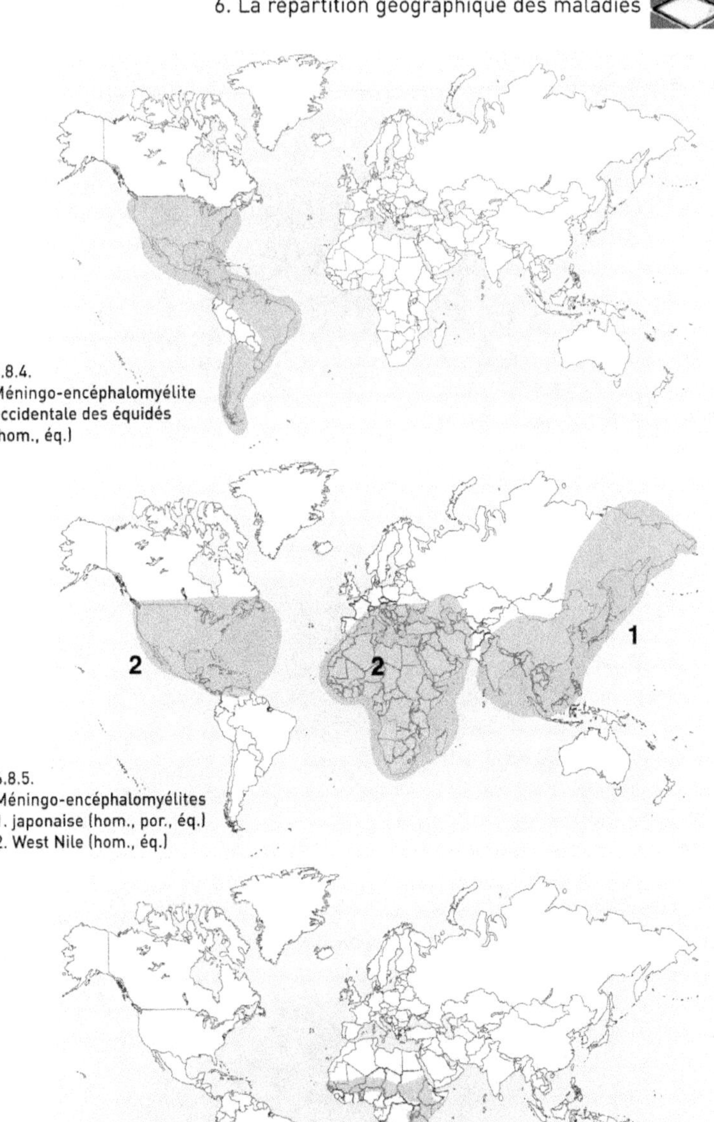

6.8.4.
Méningo-encéphalomyélite
occidentale des équidés
(hom., éq.)

6.8.5.
Méningo-encéphalomyélites
1. japonaise (hom., por., éq.)
2. West Nile (hom., éq.)

6.8.6.
Peste équine africaine
(éq.) en 2001

Figure 6.8. (suite) Maladies transmises par des diptères aux équidés.

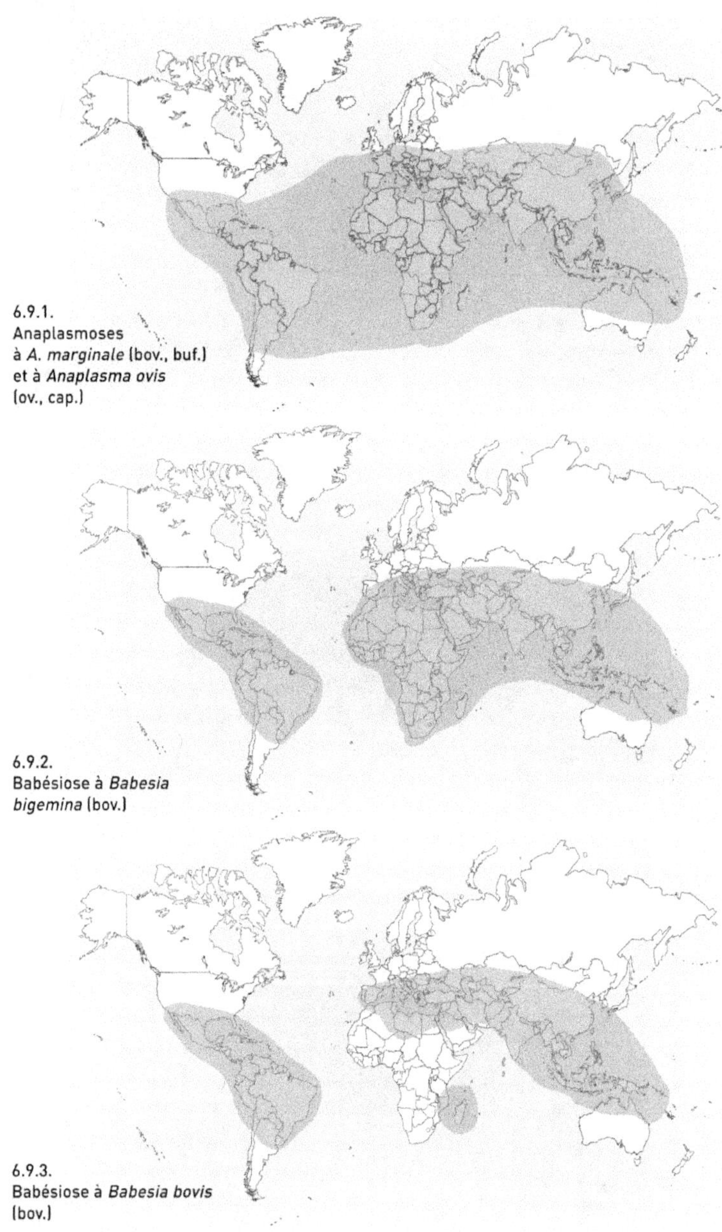

Figure 6.9. Maladies transmises par des tiques.

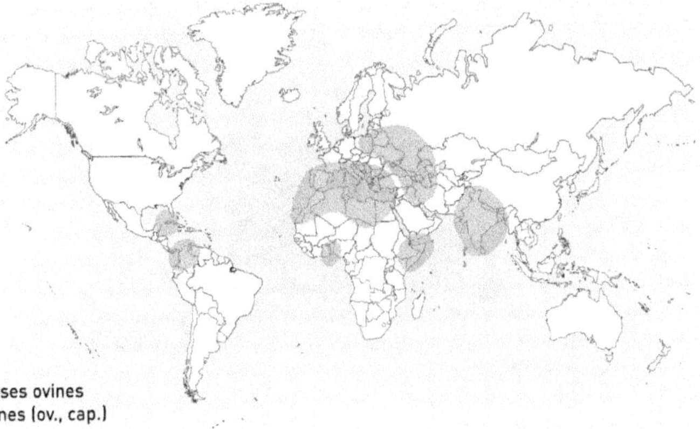

6.9.4.
Babésioses ovines
et caprines (ov., cap.)

6.9.5.
Cowdriose (rum.)

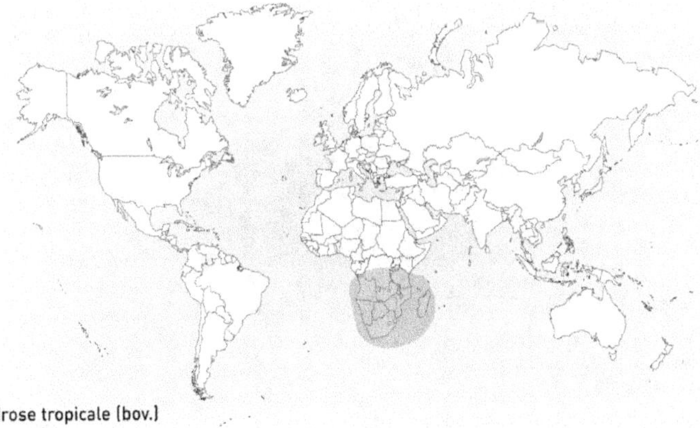

6.9.6.
Dyshidrose tropicale (bov.)

Figure 6.9. (suite) Maladies transmises par des tiques.

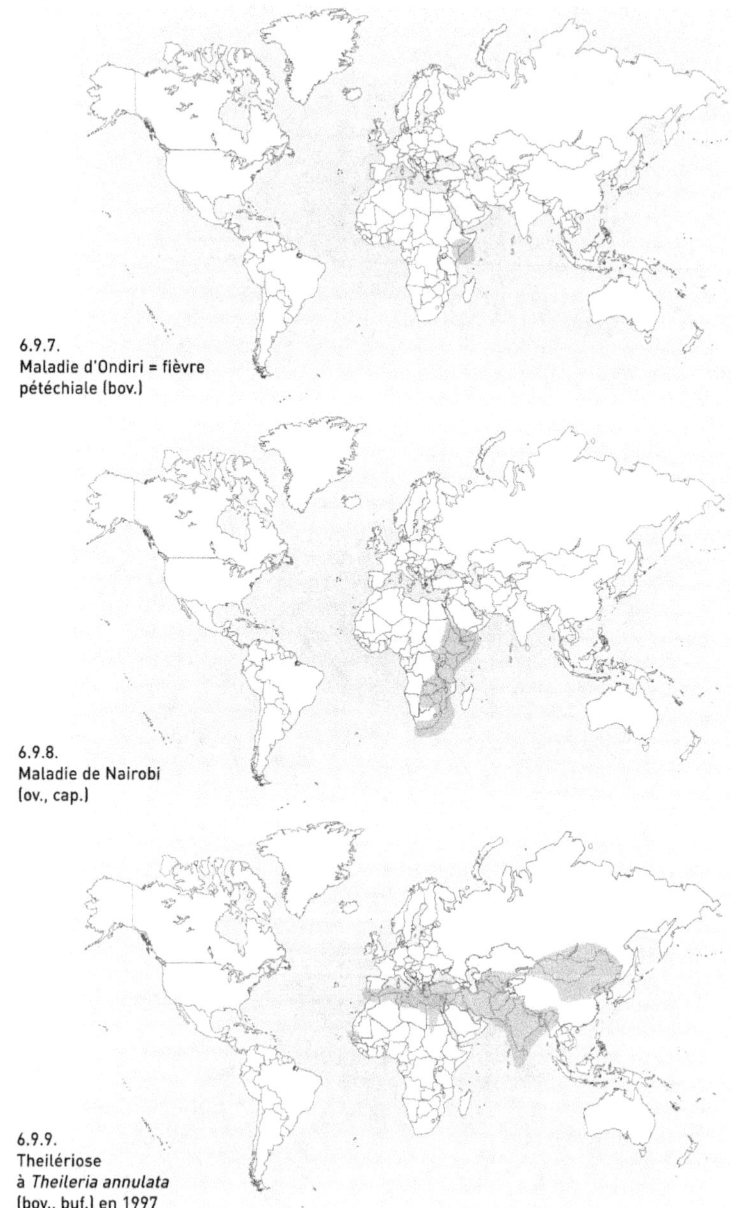

Figure 6.9. (suite) Maladies transmises par des tiques.

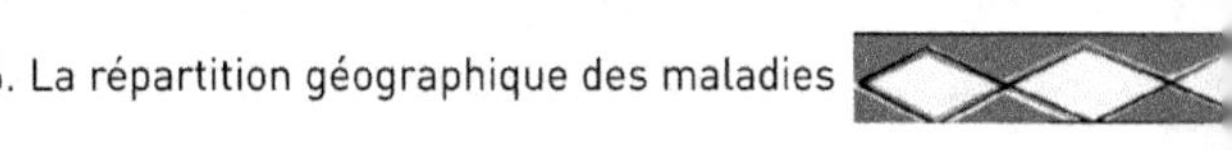

6.9.10.
Theilériose
à *Theileria parva* (bov.)
en 1997

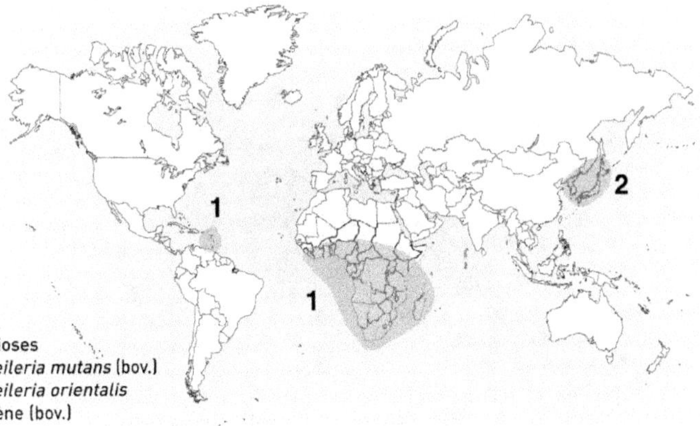

6.9.11.
Theilérioses
1. à *Theileria mutans* (bov.)
2. à *Theileria orientalis*
pathogène (bov.)

6.9.12.
Theilériose ovine
à *Theileria lestoquardi*
(ov., cap.)

Figure 6.9. (suite) Maladies transmises par des tiques.

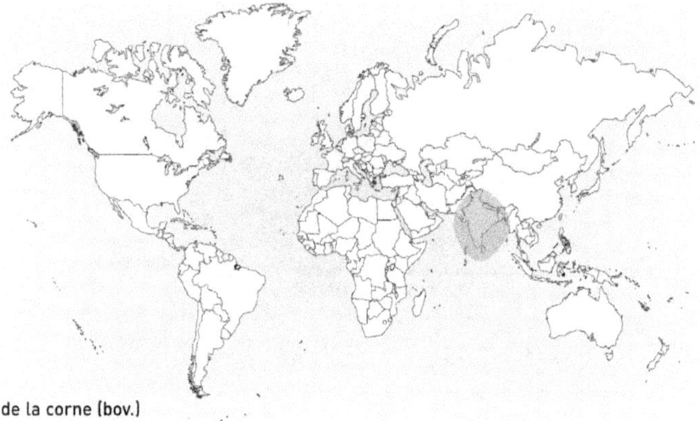

6.10.1.
Cancer de la corne (bov.)

6.10.2.
Douve des vaisseaux
sanguins : *Schistosoma
nasalis* (rum., hom.)

6.10.3.
Ver de l'oreille = *Rhabditis
bovis* (bov.)

Figure 6.10. Helminthes et maladies diverses.

7. Les principes de base de la médecine vétérinaire

Bien que les éleveurs ou les zootechniciens ne soient souvent pas en position de prendre des mesures particulières en cas de maladie, un certain nombre de principes et de procédures standardisés existent qui sont applicables dans la plupart des situations. Les deux idées maîtresses sont les suivantes :

– les animaux bien portants et bien soignés sont mieux à même de lutter contre les agents pathogènes auxquels ils sont confrontés ;

– les individus malades sont susceptibles de constituer une source d'infection importante pour les autres animaux, et parfois les humains qui sont à leur contact, et doivent par conséquent être maintenus à l'écart dans le souci d'éviter autant que possible la propagation de la maladie.

Les conditions d'élevage et la santé du cheptel

Le meilleur moyen de veiller à la bonne santé des animaux est de s'assurer qu'ils sont maintenus dans des conditions d'élevage correctes. Des animaux bien portants, bien nourris, disposant de l'eau et de l'ombre dont ils ont besoin ainsi que d'un abri, travaillant sans excès, non stressés, sont généralement mieux armés pour faire face aux problèmes pathologiques qui peuvent survenir. En outre, ils sont plus productifs, et il s'avère pertinent, d'un point de vue économique, de veiller à l'état sanitaire satisfaisant des animaux. Le sujet des conditions d'élevage est couvert par divers ouvrages consacrés aux différentes espèces domestiques et n'est donc pas traité ici — on soulignera toutefois que l'un des éléments clés d'une bonne pratique est la connaissance que l'éleveur ou le gardien acquiert progressivement de ses bêtes. L'éleveur consciencieux connaît ses animaux, il est le premier à remarquer les dysfonctionnements lorsqu'ils se manifestent. Le premier souci du vétérinaire, lorsqu'il est appelé pour un problème de maladie, est d'en reconstituer l'historique en interrogeant l'éleveur. Les informations ainsi recueillies sont parfois cruciales, et le fermier négligent qui s'avère incapable de les fournir est susceptible d'empêcher le vétérinaire de prendre les mesures qui seraient les mieux adaptées. Vétérinaire et éleveur sont tous deux des experts dans leur propre domaine, et l'instauration d'une bonne communication entre eux est l'une des conditions de base d'un bon élevage.

Il faut avoir en tête le fait que les possibilités d'entretien et de traitement des animaux domestiques seront de plus en plus soumises à la pression morale des populations, à leur acceptation par les consommateurs, à la demande de moindre risque voire d'absence totale de conséquences pour la santé publique.

La prévention des maladies

En plus d'adopter de bonnes pratiques d'élevage, l'éleveur a souvent la possibilité de prendre des précautions de bon sens afin de prévenir ou de limiter autant que possible les risques de maladie. La source de bien des agents pathogènes et des parasites est fréquemment à rechercher dans les animaux eux-mêmes — souvent des individus adultes qui ont été à leur contact dans le passé et qui se sont immunisés (porteurs sains). Les jeunes animaux qui se trouvent aux côtés d'individus plus âgés ou adultes sont de ce fait immanquablement exposés à un large éventail d'agents pathogènes potentiels. Si l'infection est ainsi inévitable, il reste encore possible de prévenir les maladies : quelques dispositions qui peuvent être prises dans ce domaine sont esquissées ci-dessous.

La stabulation et les abris

Dans la plupart des systèmes d'élevage, les animaux sont regroupés pour une raison ou une autre. Les troupeaux des pasteurs nomades ou transhumants, conduits sur des parcours extensifs, sont parfois rassemblés le soir afin de les protéger, tandis que dans les systèmes intensifs les animaux peuvent être maintenus en stabulation permanente, leur nourriture leur étant apportée de l'extérieur. Quel que soit le système d'élevage adopté, les zones de regroupement sont des lieux particuliers où les agents pathogènes s'accumulent et où les individus sensibles sont exposés au contact d'autres infectés ou malades. Il est cependant possible de limiter ces risques, même sans avoir de connaissances spécifiques en matière de maladies.

L'élevage en stabulation
Ce système d'élevage se révèle souvent le plus problématique pour les animaux. L'espace devrait être suffisant pour que les bêtes puissent s'allonger et se mouvoir sans se bousculer. Une bonne aération est essen-

tielle dans le souci d'éviter que la température ambiante et l'humidité ne s'élèvent trop, mettant en danger les animaux en les exposant au stress thermique. Par ailleurs, une ventilation adéquate limite les risques de propagation des affections respiratoires.

Il est primordial de maintenir les locaux propres afin d'éviter l'accumulation des contaminations (fécales, urinaires, fœtales...), qui non seulement constituent une source d'organismes pathogènes, mais encore attirent les mouches. Les surfaces doivent être lisses, imperméables et dépourvues de fissures pour permettre leur lavage et leur désinfection à intervalles réguliers. Les fissures qui se forment dans les murs des bâtiments hébergeant des animaux domestiques sont particulièrement gênantes dans la mesure où elles sont difficiles à nettoyer et sont en outre susceptibles d'abriter des tiques, elles-mêmes vecteurs potentiels de toute une gamme de maladies importantes. Les mangeoires et abreuvoirs doivent être installés de manière à ce qu'ils ne puissent pas être souillés par des excréments.

La constitution des groupes de stabulation est certes fonction du type de gestion adopté, mais, à l'exception des mères allaitant leur progéniture, l'association d'animaux d'âges différents devrait être évitée autant que possible.

La coccidiose est un excellent exemple des risques auxquels on s'expose en maintenant ensemble des animaux d'âges différents dans un espace confiné. Les individus plus âgés peuvent sembler cliniquement normaux tout en rejetant, dans leurs fèces, les parasites intestinaux au stade infectieux ; les jeunes individus sensibles qui viennent les rejoindre peuvent alors s'infecter et développer la maladie.

Il n'est toutefois ni réalisable ni raisonnable de tenter d'élever des animaux dans un environnement entièrement débarrassé de maladies. Le bétail en stabulation permanente ou temporaire est inévitablement exposé tout au long de son existence à quantités d'agents pathogènes. Une approche intelligente de la conduite de l'élevage devrait limiter autant que possible les niveaux d'exposition et les probabilités de maladies graves sans pour autant faire obstacle à la constitution de l'immunité.

Les abris temporaires

Pour beaucoup d'éleveurs pastoraux, la question de la stabulation permanente ne se pose jamais. Il serait tentant — mais bien imprudent —

d'en déduire que les risques de maladies deviennent alors négligeables. Les grands troupeaux sont généralement regroupés dans des enclos pendant la nuit par souci de sécurité, et un certain nombre des problèmes afférents à la stabulation permanente existent également à ce niveau. Des animaux d'âges différents parqués dans des enclos surpeuplés et insalubres peuvent se trouver tout aussi exposés aux maladies que leurs congénères logés dans des bâtiments. Ici encore, la démarche s'inspire en grande partie du simple bon sens. Les zones de rassemblement devraient être assez spacieuses pour que les animaux puissent se mouvoir et se coucher confortablement (voir la figure 7.1), et maintenues dans un état de propreté permettant de limiter les contaminations fécales. Le rayonnement solaire peut dans certaines régions constituer un auxiliaire d'assainissement précieux.

Une bonne formule est de changer l'emplacement de ces aires à intervalles réguliers. Les avantages de cette pratique ont été mis en évidence dans certaines parties de l'Afrique de l'Ouest où, à la saison des pluies, les bovins de race N'Dama sont attachés dans des zones d'attente pour une bonne partie de la journée pendant que leurs propriétaires sont occupés aux champs. A moins d'être déplacés toutes les trois semaines environ, ces sites deviennent fortement contaminés par l'accumulation de larves infectieuses d'helminthes provenant des œufs évacués dans les fèces des animaux alors que le piétinement transforme, en saison des pluies, le sol en boue favorable à la survie de ces larves ou œufs. Il en résulte que les bêtes qui les fréquentent, et en particulier les veaux sevrés, développent une charge parasitaire importante qui se répercute sur leur état général et sur leurs capacités de résistance aux difficiles conditions de la saison sèche à venir. Ce cas particulier peut être considéré comme un exemple pertinent dans bien des situations similaires.

Figure 7.1.
Les enclos devraient inclure des zones ombragées et être suffisamment grands pour que les animaux puissent se mouvoir et s'allonger confortablement (cliché Faye B.).

⫸ L'hygiène générale

La section précédente a permis de souligner l'intérêt d'une bonne hygiène et d'une gestion correcte des locaux et parcs d'élevage. Cette approche devrait être étendue à tous les aspects de la conduite des élevages. L'ensemble de l'outillage, des harnachements, du matériel et autres équipements devraient être régulièrement nettoyés et désinfectés, sous peine de voir ces équipements se couvrir d'une gangue de matière organique propice à la multiplication de bactéries pathogènes. Un matériel sale peut par ailleurs constituer en soi un vecteur d'infection passif susceptible de propager certains organismes pathogènes (voir le chapitre 1).

Les désinfectants et les antiseptiques

Les désinfectants sont des substances chimiques qui tuent les micro-organismes dont les pathogènes ou bloquent leur multiplication. Beaucoup de produits existent sur le marché pour des usages divers. Un certain nombre de ceux qui peuvent être utilisés dans le cadre d'un élevage figurent dans le tableau 7.1. Les instructions du fabricant doivent être lues attentivement et scrupuleusement suivies, en particulier en ce qui concerne :
– la dilution : beaucoup de désinfectants doivent être dilués dans de l'eau avant emploi et il est impératif de respecter la concentration recommandée ;
– les mélanges : il est vivement déconseillé de mélanger des désinfectants différents dans la mesure où cette opération peut affecter leurs performances ;
– la propreté : certains désinfectants perdent de leur efficacité lorsqu'ils se trouvent mélangés à une certaine proportion d'impuretés et de matière organique — ils doivent donc être régulièrement renouvelés. Toute désinfection doit être précédée d'un nettoyage.

Lorsque aucun désinfectant n'est disponible, l'hygiène et la propreté générales prennent encore plus d'importance. Les harnachements doivent être inspectés régulièrement pour veiller à ce qu'ils soient bien adaptés à la morphologie des animaux auxquels ils sont destinés et ne les traumatisent pas. Quiconque emploie un matériel sale et mal ajusté s'expose à des ennuis.

Les antiseptiques sont des substances semblables aux désinfectants, à ceci près qu'ils peuvent être utilisés directement sur la peau de l'animal dans le traitement des plaies, etc. (voir plus loin).

Tableau 7.1. Désinfectants et antiseptiques.

Substance chimique	Désinfectant	Antiseptique	Remarque
Agents oxydants			
Eau oxygénée		*	Action douce ; employée pour nettoyer les abcès cutanés et les plaies profondes. Produit très sensible à la lumière.
Permanganate de potassium	* (10 g/l)	* (1 g/l)	Employé pour le traitement des plaies ; tache la peau. Très actif sur nombre de champignons. Ne pas employer sur les plaies ouvertes.
Composés halogénés			
Hypochlorite de sodium (eau de Javel)	* (200 ml/l)	* (20 ml/l)	Désinfectant du matériel et des bâtiments. Antiseptique employé pour les bains de pis dans le cadre de la lutte contre la mammite chez les vaches laitières. Inactif en présence de souillures organiques. Ne pas employer sur les plaies ouvertes.
Carbonate de sodium (lessive de soude)	*		Désinfection des bâtiments et des objets en cas de fièvre aphteuse, etc.
Iode (teinture d'iode)		*	Employé pour le traitement des plaies ; tache la peau. Douloureux.
Iodophores		*	Lavage des mamelles et bain de pis dans le cadre de la lutte contre la mammite.
Dérivés métalliques			
Mercurochrome		*	Sur les plaies.
Aluminium		*	Antiseptique et cicatrisant.
Oxyde jaune de mercure		*	Antiseptique externe (pommades)
Sulfate d'aluminium		*	A été employé dans le traitement de la dermatophilose chez les ovins.
Sulfate de cuivre		*	Contre le piétin dans les pédiluves. Avalé, il est toxique
Sulfate de magnésium (sel d'Epsom)		* (100 g/l)	Sur les plaies.
Agents réducteurs			
Formaldéhyde (formol)	*		Employé pour la fumigation des bâtiments et la désinfection des instruments de chirurgie.

Tableau 7.1. suite

Substance chimique	Désinfectant	Antiseptique	Remarque
Phénols et crésols			
Phénol	*		Désinfectant puissant. Il attaque la peau.
Lysol (crésol + savon mou)	*		Utilisation générale ; toxique pour les chiens et les chats.
Chloroxylénols			
Parachlorométaxylénol	*	*	Tous usages.
Dichlorométaxylénol	*	*	Comme ci-dessus mais plus puissant.
Autres			
Soude en cristaux, soude caustique (hydroxyde de sodium)	*		Nettoyage et désinfection en général. Désinfection de bâtiments, par exemple en cas de fièvre aphteuse. Produit très corrosif.
Alcool éthylique et alcool méthylique	*	* (dilué)	N'agit pas sur les spores des microbes. Antiseptique sur les mains, la peau, etc.
Amidines : hexamidine, etc.		*	
Ammoniums quaternaires (tensioactifs cationiques)	*		Détergents, actifs en l'absence de matières organiques.
Terpènes : menthol, eucalyptol, thymol, etc.		*	Hydrocarbures végétaux naturels. Antiseptiques légers, insecticides et acaricides.
Violet de gentiane ou violet de méthyle		*	Colorant, utilisé sur les plaies fermées.

Le matériel d'injection

Ce sujet revêt une importance particulière, car beaucoup d'éleveurs possèdent leur propre matériel et administrent les médicaments eux-mêmes. A notre époque, les instruments jetables sont en usage généralisé, et des aiguilles et des seringues stériles peuvent être utilisées pour chaque injection. Cette pratique permet de s'assurer qu'aucun micro-organisme n'est transmis d'un animal à un autre par une aiguille contaminée, mais, dans le même temps, crée le problème de l'élimination en toute sécurité du matériel usagé — une procédure que peu d'éleveurs sont en mesure de mettre en application de manière efficace.

L'alternative est d'employer des aiguilles et des seringues réutilisables et de les stériliser régulièrement. Dans la plupart des situations auxquelles il est confronté dans sa vie quotidienne, un éleveur n'a à administrer d'injections qu'à un nombre réduit de têtes de bétail chaque jour, et un petit stock d'aiguilles et de seringues propres et stérilisées disponibles à tout moment devrait suffire pour permettre de traiter chaque animal à l'aide d'un matériel stérile. Il est généralement admis de garder la même seringue lorsque plusieurs animaux doivent recevoir le même médicament, à condition d'employer des aiguilles stériles pour chaque individu — néanmoins, on sait maintenant que le liquide dans la seringue peut être contaminé par des tourbillons, surtout lors d'injection par la voie intraveineuse. A la fin de la journée, les seringues ayant été utilisées doivent être démontées et soigneusement nettoyées afin d'éliminer toute trace de tissus animaux et de substance médicamenteuse. Les aiguilles sont rincées en actionnant la seringue montée remplie d'eau propre. Le matériel peut alors être stérilisé dans un bain désinfectant ou par immersion dans de l'eau en ébullition pendant environ 15 minutes.

L'un des principaux inconvénients d'employer un matériel d'injection réutilisable est le risque de propagation de micro-organismes pathogènes d'un animal au suivant en cas de nettoyage ou de stérilisation insuffisants. En outre, les aiguilles perdent de leur pouvoir pénétrant à l'usage, tandis que les versions jetables conservent toujours une performance optimale (voir pages 177 et suivantes).

Les animaux

Lorsque l'on traite de l'hygiène générale des sites abritant des animaux, il est important de ne pas oublier les occupants. Si les animaux bien portants se toilettent eux-mêmes et restent propres, les bêtes malades n'en ont parfois ni l'énergie ni l'envie et doivent être nettoyées par leur soigneur, à défaut de quoi elles sont susceptibles de se retrouver infestées de parasites externes tels que puces et poux. En outre, la présence d'excréments sur la peau attire les mouches et expose l'animal à des myiases (voir le chapitre 1 et le volume 2).

Un aspect particulièrement important de l'hygiène animale concerne le traitement des plaies éventuelles. La peau constitue l'une des barrières défensives les plus efficaces contre les organismes dangereux, et laisser des plaies, des coupures ou des abrasions sans traitement peut se révéler lourd de conséquences. Ici encore, le bon sens tient une place privilégiée. Les plaies de petite taille se referment généralement spontanément dès lors qu'elles sont gardées propres. Un antiseptique

(voir le tableau 7.1) peut être appliqué si nécessaire sur la peau pour prévenir toute infection par des bactéries. Si la blessure s'infecte, les antiseptiques peuvent faire plus de mal que de bien et une préparation antibiotique doit être utilisée (voir plus loin).

Les animaux au pâturage

Des animaux paissant en ordre dispersé sur un parcours luxuriant se trouvent probablement dans le meilleur environnement possible en ce qui concerne le risque de maladie. Aucun stress ne leur est imposé et la probabilité de propagation de maladies infectieuses est très faible. En zone pastorale, par exemple, la saison des pluies est souvent la période la plus sûre, dans la mesure où le pâturage est à son apogée et où le bétail se disperse sur de vastes étendues. Cette période n'est pas entièrement dénuée de risques, toutefois. Lors du renouveau du pâturage, il y a le stress d'adaptation à l'alimentation plus riche en humidité, et cette période est favorable à toutes sortes de parasites ; les arthropodes sont souvent actifs, et les chances de contracter des maladies transmises par des mouches ou des tiques parfois plus fortes que pendant le reste de l'année. Les éleveurs doivent de ce fait acquérir les savoirs locaux concernant les maladies transmises par des arthropodes dans la région et prendre les dispositions qui sont à leur portée. En Somalie, les éleveurs de dromadaires savent que la maladie qu'ils ont le plus à redouter, la trypanosomose à *Trypanosoma evansi,* est propagée par des mouches piqueuses et que la période dangereuse se situe pendant la saison des pluies, lorsque le nombre de mouches culmine. La stratégie simple qu'ils adoptent alors — emmener paître les animaux malades dans des troupeaux séparés du reste du cheptel — permet de réduire considérablement la probabilité que des mouches piqueuses transmettent l'infection aux bêtes saines. Les moyens de lutte contre les maladies transmises par des arthropodes sont traités plus en détail dans le volume 2.

Les plantes toxiques

Les animaux au pâturage sont exposés à des végétaux toxiques. Deux types de situations sont à prendre en considération : les animaux introduits sur des nouveaux parcours et le manque de végétation comestible accessible.

Les herbivores apprennent progressivement quelles sont les plantes dangereuses et les évitent autant que possible. Les individus mis à paître dans des secteurs qu'ils connaissent mal peuvent être plus exposés tant qu'ils n'ont pas appris les « spécificités locales » de la végétation.

Les éleveurs doivent être conscients de ce processus et tenter de limiter au début la durée du pâturage quotidien des nouvelles bêtes sur le parcours dans le souci de leur laisser le temps de s'y familiariser.

Lorsque les parcours sont surpâturés ou rares à la suite d'une sécheresse, il arrive que les seuls végétaux encore verts soient des plantes toxiques à enracinement profond. Des animaux affamés peuvent alors être poussés à surmonter leur aversion et à les consommer. La solution consiste, durant ces périodes, à importer du fourrage de l'extérieur — une réponse que malheureusement beaucoup d'éleveurs sont souvent dans l'incapacité de mettre en œuvre.

L'insuffisance du pâturage peut avoir des origines multiples telles qu'une charge animale excessive ou un déficit de biomasse fourragère dû à la sécheresse. De manière générale, à condition que les pluies se manifestent normalement, le pâturage abondant de la saison humide permet aux animaux de prendre du poids et de mieux résister aux difficultés de la saison sèche jusqu'au retour des pluies. Avec l'avancée de la saison sèche, les communautés pastorales possédant de nombreux troupeaux sont parfois forcées de se rassembler autour des rares points d'eau qui subsistent si la situation se prolonge, en l'absence des précipitations attendues (voir la figure 7.2). Le résultat peut alors prendre la forme d'une concentration importante de bétail en mauvais état général et un accroissement du risque de propagation de maladies telles que les helminthoses et la coccidiose, aujourd'hui considérées comme des problèmes d'importance significative dans ce type de situation, et aussi de maladies contagieuses. Ainsi est-il nécessaire, dans ces circonstances, d'apporter autant que faire se peut de l'eau et de la nourriture au bétail en plusieurs points judicieusement répartis afin de couvrir ses besoins alimentaires et surtout de tenter de déconcentrer les animaux.

Figure 7.2.
Au fur et à mesure que la saison sèche avance, les animaux élevés en extensif concentrent leur activité sur les zones proches des points d'eau permanents. Ce comportement peut créer les conditions favorables à la transmission d'helminthoses, de la coccidiose et d'autres maladies (cliché Faye B.).

▯▷ Les vaccinations

Certaines maladies infectieuses endémiques constituent souvent un danger tel pour les animaux d'une région que la démarche la mieux adaptée est de vacciner le cheptel, dans l'espoir d'empêcher que ces maladies ne se déclarent. Les vaccins sont disponibles sous diverses formes, mais tous agissent selon le même mécanisme, en immunisant les animaux à risque. Afin de mieux faire comprendre le principe de la vaccination, il est intéressant de se pencher sur les processus de l'immunisation.

L'immunité non spécifique

Les animaux disposent d'un système très complexe de cellules dont le rôle est de reconnaître tout élément étranger — y compris des substances et des micro-organismes nocifs — et de le combattre. La première ligne de défense est composée d'un ensemble de cellules appelées leucocytes, ou globules blancs, qui circulent dans les tissus et le flux sanguin. Ces cellules sont plus grandes et moins nombreuses que les érythrocytes, ou globules rouges, qui transportent l'oxygène. Deux types de globules blancs, les granulocytes neutrophiles et les monocytes, sont capables de migrer de la circulation sanguine vers les tissus et « d'avaler » les éventuels micro-organismes envahisseurs par un mécanisme appelé phagocytose.

Les granulocytes neutrophiles ne vivent que pour un temps relativement bref et ont pour fonction de phagocyter les bactéries dangereuses. Les monocytes, une fois parvenus dans les tissus, voient leur taille s'accroître et prennent le nom de macrophages. Leur durée de vie est plus longue que celle des granulocytes ; présents dans tous les tissus, leur fonction principale est de phagocyter les virus, les bactéries et les protozoaires susceptibles d'investir les cellules animales (voir le chapitre 3). Ces deux catégories de leucocytes parviennent, dans bien des cas, à contrôler ensemble et sans aide complémentaire les micro-organismes envahisseurs qui se présentent. Toutefois, lorsque leurs capacités sont dépassées, l'organisme fait appel à sa deuxième ligne de défense : un troisième groupe de leucocytes, les lymphocytes.

L'immunité spécifique et les lymphocytes

Les lymphocytes constituent un ensemble complexe de cellules immunitaires, dont le rôle est également de reconnaître les éléments étrangers tels que les micro-organismes et les parasites. Une grande diversité de lymphocytes circule sans cesse autour des tissus, dans les systèmes sanguin et lymphatique — ce dernier essentiellement composé d'un réseau de ganglions lymphatiques reliés entre eux par des vaisseaux lymphatiques (voir le chapitre 5). Il existe deux grandes catégories de lymphocytes : les uns, les lymphocytes T, ou lymphocytes thymodépendants, formés dans le thymus, et les autres, les lymphocytes B, formés dans la moelle osseuse. Les lymphocytes T sont des cellules remarquables, capables de réagir directement et de tuer les micro-organismes envahisseurs tout en stimulant les macrophages pour qu'ils fassent de même. En outre, certains d'entre eux influencent le fonctionnement des lymphocytes B. Ces derniers, face à des éléments étrangers, se multiplient rapidement pour former des cellules plus grandes, les plasmocytes, qui sécrètent des anticorps dans le sang et les autres fluides corporels. Les anticorps, ou immunoglobulines, sont des molécules protéiques complexes qui se fixent spécifiquement sur les micro-organismes étrangers et induisent leur destruction ou la restriction de leurs effets pathogènes.

Lorsque l'intervention des différents types de cellules immunitaires parvient à anéantir les agents pathogènes envahisseurs, l'animal souffrant guérit spontanément et, ce qui est plus important encore, se retrouve bien souvent immunisé contre les attaques ultérieures dues au même micro-organisme. En effet, un certain nombre de lymphocytes T et B gardent la « mémoire » de cet agent pathogène particulier : en cas de nouvelle invasion, la réaction immunitaire spécifique peut immédiatement entrer en action et éliminer les agents pathogènes responsables. Cette capacité acquise de réagir avec promptitude est désignée sous le terme d'immunité acquise. Elle présente deux modalités distinctes : l'immunité à médiation cellulaire repose sur l'intervention des lymphocytes T, tandis que l'immunité à médiation humorale correspond à l'action des anticorps produits par les plasmocytes issus des lymphocytes B.

Les vaccins

Les vaccins sont essentiellement composés de micro-organismes pathogènes dont le potentiel nocif a été supprimé ou au moins fortement atténué. Ils sont obtenus en altérant l'agent de sorte que, injecté dans l'organisme de l'animal, il puisse y stimuler une réaction immunitaire — humorale et/ou cellulaire — sans pour autant déclencher les effets délétères dont il se rend habituellement responsable. Les différents types de vaccins sont détaillés ci-dessous.

a) Les vaccins inactivés

Ces vaccins sont constitués de micro-organismes morts, qui ont été tués par des substances chimiques, la chaleur ou des rayonnements. Ce sont

généralement les vaccins dont l'emploi présente le moins de risques, mais la réponse immunitaire, souvent relativement faible, rend nécessaire la répétition de l'opération à intervalles réguliers (rappels de vaccination).

b) *Les vaccins atténués*

Ces vaccins sont constitués de micro-organismes vivants qui ont été modifiés afin de susciter une réponse immunitaire sans entraîner de maladie (ou tout au plus une forme bénigne de la maladie) lorsqu'ils sont injectés dans l'organisme d'un animal. La conservation de ces organismes vivants est délicate et complique leur mise en œuvre. L'atténuation des agents pathogènes s'obtient de diverses manières, en particulier en cultivant le micro-organisme *in vitro* en laboratoire ou en lui imposant de nombreux passages successifs par une série d'hôtes animaux ou de milieux de culture artificiels. Les vaccins atténués sont habituellement plus performants que les vaccins confectionnés à partir de micro-organismes morts mais ils demandent plus de soins lors des manipulations, étant composés d'éléments vivants. Ils doivent souvent être maintenus dans les conditions de température d'un réfrigérateur, voire à l'état surgelé, rendant obligatoire la mise en place d'une « chaîne du froid » depuis le site de fabrication jusqu'au lieu de la vaccination (voir la figure 7.3).

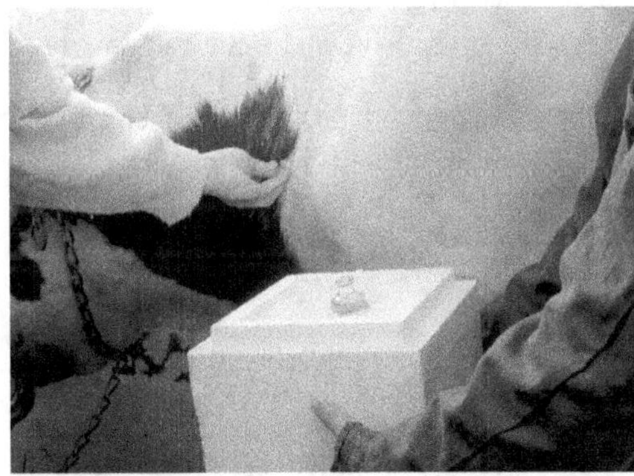

Figure 7.3.
Vaccination de bovins.
Certains vaccins doivent être gardés sur la glace jusqu'au moment de l'injection, ultime maillon de la chaîne du froid.
(cliché Gourreau J.M.).

Il n'est pas toujours possible d'atténuer les micro-organismes : il est alors nécessaire de faire suivre la vaccination d'un traitement adapté destiné à prévenir les effets de la maladie. Cette formule, composée d'une étape d'infection suivie d'une étape de traitement (« infection-traitement »), a été très utilisée pour immuniser les animaux contre certaines maladies transmises par des tiques, telles que la cowdriose (voir le volume 2). Il reste que cette méthode d'immunisation demande naturellement la plus grande attention et ne devrait normalement être mise en application que sous la surveillance d'un vétérinaire.

c) L'utilisation de micro-organismes étroitement apparentés

Une infection par des micro-organismes non ou faiblement pathogènes peut provoquer une réponse immunitaire efficace contre d'autres micro-organismes étroitement apparentés mais nocifs. De tels agents ont déjà été employés comme vaccins : par exemple, l'inoculation d'*Anaplasma centrale* contre l'anaplasmose bovine causée par *Anaplasma marginale*, maladie importante transmise par des tiques. Les vaccins de ce type exigent toutefois de s'entourer de certaines précautions dans la mesure où le micro-organisme utilisé peut tout de même présenter un certain degré de pathogénicité.

d) Les anatoxines (ou toxoïdes)

Les effets nocifs de certaines bactéries pathogènes proviennent de leur sécrétion d'exotoxines (voir le chapitre 3). Des vaccins particuliers appelés anatoxines ont été mis au point contre certaines de ces exotoxines afin d'immuniser les animaux contre la substance sécrétée plutôt que contre le micro-organisme sécréteur. Les toxoïdes sont des toxines qui ont été rendues inactives ; ils sont généralement obtenus en cultivant le micro-organisme responsable *in vitro* en laboratoire et en traitant la toxine produite par une substance chimique telle que le formaldéhyde (ou formol) ou par la chaleur. Les anatoxines sont couramment employées pour vacciner les animaux contre les toxémies par clostridies (se reporter au volume 2).

e) Les vaccins du futur

On appelle antigènes les éléments qui, constitutifs des micro-organismes ainsi que des vaccins élaborés à partir d'eux, sont responsables du déclenchement de la réponse immunitaire. Les micro-organismes et les parasites ont habituellement de nombreux antigènes, parmi lesquels quelques-uns seulement provoquent des réactions immunitaires utiles qui protègent l'animal contre d'éventuelles attaques ultérieures. Le vaccin idéal ne serait pas composé de l'agent pathogène en son entier — atténué ou tué — mais uniquement de ses antigènes efficaces. Un tel vaccin conférerait une immunité aussi performante qu'un micro-organisme entier mais serait d'utilisation plus sûre et ne présenterait aucun des inconvénients d'un vaccin vivant. Mais en réalité de tels vaccins ne sont pas idéaux non plus, et la réponse immunitaire engendrée est souvent moins élevée et de plus courte durée que celle engendrée par des vaccins vivants. Certains peuvent s'affranchir totalement de la chaîne du froid. Des progrès récents spectaculaires dans les domaines de la biologie moléculaire, de l'immunologie et du génie génétique ont d'ores et déjà permis la mise au point de vaccins de ce type, susceptibles de révolutionner la médecine humaine et vétérinaire.

Il est primordial de bien comprendre que les vaccins varient considérablement pour ce qui est de leur pouvoir immunisant. En effet, si certains confèrent une protection complète pour plusieurs années, d'autres ne sont en mesure d'offrir qu'une immunité partielle de courte durée. Les vaccins modernes contre la peste bovine, fabriqués à partir du virus vivant atténué maintenu sur des cultures de tissus en laboratoire, permettent d'obtenir une immunité très solide qui reste efficace pendant pratiquement toute la vie de l'animal. En revanche, la protection octroyée par les vaccins inactivés contre la fièvre aphteuse dure moins d'une année, ce qui oblige à vacciner les animaux une ou deux fois par an dans les régions où ce type de prophylaxie est employé.

Pour finir, vacciner ne dispense pas d'observer des pratiques saines en matière de conduite d'élevage. Les vaccins se bornent à stimuler le système immunitaire des animaux, et ces derniers doivent être en bonne santé pour que cette protection soit efficace. Ainsi serait-il vain d'attendre une réponse immunitaire performante de la part d'un animal en mauvais état général et infesté de parasites.

La protection par immunité passive, ou séroprotection

La section précédente a permis d'aborder le sujet de l'immunité se développant à la suite d'une infection ou d'une vaccination, parfois appelée immunité acquise ou encore immunité active. Les anticorps, sur lesquels repose la réponse immunitaire à médiation humorale, sont par ailleurs également capables de protéger l'organisme d'autres individus. Ce phénomène intervient de manière naturelle au cours de la gestation : les nouveau-nés ne possèdent pas de système immunitaire achevé et reçoivent les anticorps de leur mère, parfois à travers le placenta, avant la naissance, puis de toute façon dans le colostrum, premier lait sécrété par la mère après la parturition. Ces anticorps maternels ont une durée de vie limitée mais permettent de protéger les jeunes animaux pendant les premiers mois de leur existence, jusqu'à ce que leur propre système immunitaire devienne opérationnel. Les nouveau-nés des animaux domestiques obtiennent la plus grande part de leurs anticorps maternels du colostrum : il est par conséquent vital qu'ils tètent leur mère dans les quelques heures qui suivent la naissance et en quantité suffisante, car cette sécrétion est riche en anticorps qui sont absorbés sans être détruits par l'intestin du jeune pendant environ une journée chez les bovins.

La couverture temporaire obtenue par l'acquisition d'anticorps d'origine maternelle est connue sous le nom d'immunité passive. Ce mécanisme peut également servir à protéger des animaux en d'autres circonstances. Lorsque l'on inocule un organisme pathogène ou une toxine à des doses de plus en plus fortes à un individu sensible, ce dernier produit en réponse, dans son sérum sanguin, de grandes quantités d'anticorps. Le sérum obtenu de la sorte, souvent sur des lapins, prend le nom d'antisérum ou de sérum hyperimmun. L'injection d'antisérum offre une protection immédiate mais temporaire d'environ quelques semaines contre l'organisme ou la toxine visés. Cette méthode peut permettre de traiter une maladie déclarée ou de couvrir des animaux bien portants exposés à cette maladie (par exemple la peste porcine classique, les toxémies par clostridies ou le tétanos, se reporter au volume 2). Les sérums hyperimmuns, coûteux à produire et à conserver, sont rarement employés de nos jours dans le cadre des soins quotidiens aux animaux d'élevage.

Les mesures à prendre en cas de maladie

Même lorsque les normes d'hygiène et de gestion d'élevage les plus draconiennes sont respectées, des maladies sont susceptibles de se déclarer ; ici encore, quelques principes de base peuvent permettre de réduire la portée de tels incidents. La première étape, pour laquelle les critères généraux exposés à la fin du chapitre 1 devraient se révéler utiles, consiste à déterminer si la maladie est de nature infectieuse ou non. S'il semble que ce soit le cas, les individus atteints devraient si possible être tenus à l'écart des animaux sains, en évitant l'utilisation conjointe des mangeoires et des autres équipements. D'autre part, s'il apparaît que des mouches pourraient être impliquées dans la propagation, une distance aussi grande que possible devrait être maintenue entre les deux groupes et des mesures de lutte contre les mouches devraient être envisagées autour des animaux malades (plusieurs méthodes sont décrites à ce propos dans le volume 2).

Les soins aux animaux malades

Que l'affection soit de nature infectieuse ou non, les animaux atteints souffrent moins du stress s'ils sont calmement mis à l'écart du reste du troupeau. Lorsque leur état est très dégradé, il leur devient difficile de se déplacer pour s'abreuver ou se mettre à l'abri du soleil : il est donc nécessaire, dans ces circonstances, de faire en sorte qu'ils puissent à tout moment trouver de l'eau et de l'ombre à leur portée. De la nourriture devrait également toujours être disponible, même si leur appétit est diminué. Les individus affaiblis, incapables de tenir une position verticale, devraient être soutenus d'une manière ou d'une autre ; cet aspect revêt une importance particulière chez les ruminants, dans la mesure où les gaz produits au niveau du rumen peuvent ne pas pouvoir s'échapper lorsque l'animal est allongé sur le flanc. Il est évident que les mesures d'hygiène élémentaires devraient également être appliquées aux animaux malades isolés.

Le traitement des animaux malades

Au-delà de la mise à l'écart, des soins et de l'hygiène, la voie à suivre dépend des circonstances du moment, par exemple si une assistance vétérinaire peut être appelée sur les lieux, ou si l'éleveur a déjà été confronté à la maladie et sait comment administrer le traitement. Lorsque aucun vétérinaire n'est disponible, l'éleveur peut tenter un diagnostic en se reportant aux critères esquissés au chapitre 1 et en recherchant chez l'animal les signes cliniques énumérés au chapitre 5, le volume 2 étant consulté pour plus de détails.

Dans la pratique, beaucoup d'éleveurs ne sont pas en mesure d'appliquer un traitement spécifique de la maladie : la solution la plus appropriée peut alors consister à administrer un médicament à spectre plus large, efficace contre les micro-organismes pathogènes opportunistes. L'idée qui motive cette démarche est qu'un animal malade, quelle que soit la cause de son état, est plus sensible aux infections, en particulier lorsqu'elles sont le fait de bactéries. L'utilisation d'anti-infectieux à effet antibactérien est ainsi susceptible d'aider l'individu malade sur ce plan. Il existe deux catégories d'anti-infectieux. Le premier groupe rassemble des molécules conçues et synthétisées par l'homme, parfois appelées agents chimiothérapeutiques ; le second groupe est composé de substances naturelles obtenues chez certains organismes vivants tels que des bactéries et des champignons et connues sous le nom d'antibiotiques. Les sulfamides, parmi lesquels on trouve la sulfadiazine, ou sulfapyrimidine, et la sulfadimidine, sont des exemples de composés chimiothérapeutiques en usage depuis plus d'un demi-siècle, bien que largement supplantés, de nos jours, par les antibiotiques.

Les bactéries et les antibiotiques

En laboratoire, l'examen de bactéries cultivées sur milieu artificiel se fait généralement par frottis sur une lame de verre, coloration par l'action de plusieurs colorants suivant la méthode de Gram puis observation au microscope. Sous l'effet de ce traitement, certaines bactéries se colorent en violet et sont qualifiées de Gram-positives (ou Gram+), tandis que d'autres ne prennent pas cette coloration et sont répertoriées parmi les bactéries Gram-négatives (ou Gram–). Ce procédé est un moyen courant de classer les bactéries qui, en outre, présente l'avantage de refléter les capacités des médicaments antibiotiques. En effet, certains de ces composés ont un spectre d'action très étroit et sont efficaces uniquement contre les infections Gram-positives, la pénicilline par exemple, ou Gram-négatives, comme la streptomycine. La pénicilline et la streptomycine sont quelquefois utilisées conjointement pour lutter contre un éventail plus diversifié de bactéries — une pratique qui a en partie reculé devant les antibiotiques à large spectre, tels que les tétracyclines (oxytétracycline et chlortétracycline), performants contre les deux types de bactéries.

Les éleveurs du monde entier, bien entendu, souhaiteraient avoir des antibiotiques à large spectre tels que l'oxytétracycline à leur disposition afin de pouvoir les administrer eux-mêmes dès que leurs animaux deviennent malades. Cette tendance préoccupe les consommateurs, les responsables de la santé publique et les vétérinaires, car l'administration d'antibiotiques incontrôlée et sans distinction induit l'apparition de populations de bactéries résistantes, difficiles à combattre. La résistance acquise même par des bactéries non pathogènes peut être transférée à des germes pathogènes soit pour l'homme soit pour les animaux. L'emploi abusif d'antibiotiques est par ailleurs susceptible de déstabiliser la flore bactérienne normale notamment du système digestif, qui est alors exposé à une colonisation par des organismes atypiques, tels que des champignons, dont les effets peuvent être nuisibles. Ces substances ne devraient à terme au minimum n'être disponibles que sur ordonnance de sorte que leur usage reste sous le contrôle des vétérinaires, voire prohibé pour l'élevage. Toutefois, dans la pratique, se procurer des antibiotiques est relativement facile partout sur la planète : il est par conséquent important que les éleveurs et les gardiens de troupeaux soient conscients des dangers d'une utilisation à tout va et du

risque de leurs produits pour les consommateurs. Un compromis raisonnable serait que les éleveurs limitent l'emploi d'antibiotiques au traitement des individus les plus malades, mettant l'accent sur l'hygiène et les soins pour ce qui est des autres animaux.

Aujourd'hui, les antibiotiques sont disponibles sous différentes formes : solutions injectables, crèmes, aérosols à pulvériser sur les plaies, etc., poudres pour le traitement de plaies cutanées ou d'infections oculaires, préparations pour injections intramammaires contre les mammites, ainsi que diverses formes à administrer par voie orale.

Certains antibiotiques sont bactéricides, ils tuent les bactéries. D'autres sont bactériostatiques, ils empêchent leur multiplication mais ne les tuent pas.

N.B. : Le chloramphénicol est un antibiotique à spectre large, très performant, dont l'usage est maintenant interdit en médecine vétérinaire, et ce, pour deux raisons. Cette molécule est efficace contre la typhoïde humaine et, ne serait-ce que pour ce motif, son utilisation chez l'animal devrait être contrôlée afin de limiter les risques d'apparition d'une résistance chez la bactérie responsable de cette maladie. D'autre part, on sait aujourd'hui que cette substance est toxique et altère le fonctionnement de la moelle osseuse chez l'homme. Son emploi chez les animaux domestiques est interdit afin qu'aucun résidu ne puisse se retrouver dans les produits alimentaires d'origine animale.

La chimioprévention

La chimioprévention, ou chimioprophylaxie, consiste à administrer des substances chimiothérapeutiques et antibiotiques dans un cadre préventif. La prévention de la maladie, ou prophylaxie, peut être réalisée par l'administration répétée d'un médicament sur une certaine période, et des substances, appelées médicaments prophylactiques, ont été spécialement mises au point pour produire un effet prolongé de même type avec une dose unique. L'utilisation de médicaments à titre prophylactique connaît souvent un grand succès auprès des éleveurs, mais, ici encore, le recours abusif à cette pratique inquiète les vétérinaires à cause du risque de voir les populations de bactéries devenir de plus en plus résistantes. De manière générale, la chimioprévention ne devrait être employée qu'en cas d'absolue nécessité, par exemple pour protéger des animaux sains qui sont au contact d'individus infectés et malades.

Des médicaments chimiothérapeutiques et des antibiotiques ont également été utilisés contre des micro-organismes autres que des bactéries ; ceux qui sont cités dans le volume 2 sont ici répertoriés dans le tableau 7.2. Un large éventail de médicaments chimiothérapeutiques (et même quelques antibiotiques) actifs contre les helminthoses ont également été développés sous le nom d'antihelminthiques. Ils sont détaillés dans le volume 2.

Tableau 7.2. Les principaux antibiotiques et médicaments chimiothérapeutiques employés en médecine vétérinaire.

Nature de la substance médicamenteuse	Remarque et usage
Antibiotiques	
Antibiotiques à large spectre (utilisés pour le traitement d'une grande diversité d'infections bactériennes)	
Ampicilline	Traitement général des infections bactériennes
Céphalosporines	Bactéricides
Chloramphénicol	Employé contre la typhoïde chez l'homme ; usage vétérinaire interdit en Europe
Diaminopirimidines : triméthoprime	Bactériostatiques
Nitrofuranes	Bactériostatiques interdits lorsque les produits sont consommés par l'homme
Pénicillines du groupe A	Contre les bactéries Gram+ et Gram−
Phénicols	Le chloramphénicol est interdit lorsque les produits sont consommés par l'homme
Quinolones	Bactéricides sur les bactéries aérobies
Sulfonamides antibactériens	Bactériostatiques
Tétracyclines	Bactériostatiques, également efficaces contre les infections à rickettsies, à mycoplasmes et certains protozoaires
Antibiotiques à spectre limité	
Amidosides (aminocyclitols) : framycétine, kanamycine, etc.	Bactéricides contre les bactéries Gram− aérobies
Griséofulvine	Traitement de la teigne (mycose cutanée) (interdit en France)
Macrolides : érythromycine, josamycine, etc.	Bactériostatiques contre les bactéries Gram+ et mycoplasmes surtout
Pénicillines des groupes G et M	Contre les bactéries Gram+ (par ex. le charbon bactéridien)
Polymixines	Bactéricides contre les bactéries Gram−
Streptomycine	Contre les bactéries Gram−
Tylosine	Contre les infections à mycoplasmes
Avermectines	Actives contre une grande diversité d'helminthes (sauf contre les ténias et les douves) et d'arthropodes

Tableau 7.2. *suite*

Nature de la substance médicamenteuse	Remarque et usage
Médicaments chimiothérapeutiques	
Essentiellement efficaces contre les infections bactériennes et autres	
Sulfamides	Contre la coccidiose et une grande diversité d'infections bactériennes
Nitro-imidazoles	Contre certaines infections bactériennes et protozoaires
Triméthoprime et sulfamides	Contre une grande diversité d'infections bactériennes
Essentiellement efficaces contre les infections à protozoaires	
Amicarbalide	Contre la babésiose
Amprolium	Contre la coccidiose
Imidocarbe diproprionate	Contre la babésiose et l'anaplasmose (une infection à rickettsie)
Acéturate de diminazène	Contre les trypanosomoses et la babésiose
Sulfate de quinapyramine	Contre les trypanosomoses, à noter que le bromure d'homidium, ou Ethidium, est très cancérigène.
Chlorure/bromure d'homidium	Contre les trypanosomoses (à noter que le bromure d'homidium, ou Ethidium, est très cancérigène !).
Mélarsomine	Contre les trypanosomoses
Suramine sodique (non commercialisée partout)	Contre les trypanosomoses
Buparvaquone et parvaquone	Contre la theilériose
Halofuginone	Contre la coccidiose, également utilisable contre la theilériose
Médicaments chimioprophylactiques	
Acéturate de diminazène	Prévention et traitement des trypanosomoses
Mélarsomine	Prévention et traitement des trypanosomoses
Suramine sodique	Prévention et traitement des trypanosomoses
Sulfate + chlorure de quinapyramine (non commercialisée partout)	Prévention et traitement des trypanosomoses
Chlorure et bromure d'homidium	Prévention et traitement des trypanosomoses
Chlorure d'isométamidium	Prévention et traitement des trypanosomoses

8. Les procédures courantes de médecine vétérinaire

Au cours des chapitres précédents, nous nous sommes familiarisés avec un certain nombre de notions élémentaires de santé animale. Lorsque l'on est confronté à un animal malade, cependant, les connaissances théoriques ne suffisent pas : ce chapitre, qui clôt ce volume, décrit quelques-unes des procédures courantes de médecine vétérinaire mentionnées dans le second volume et qui sont à la portée de la plupart des éleveurs, gardiens de troupeaux et zootechniciens. Sont exposées ci-après les techniques associées à l'administration des traitements et au prélèvement d'échantillons pour analyse en laboratoire.

L'administration des traitements

Les préparations médicamenteuses vétérinaires peuvent être administrées de plusieurs manières, par injection, par voie orale y compris à l'aide d'une sonde gastrique, en application locale ou encore par injection intramammaire.

⏸ Les injections

L'injection constitue de loin la méthode la plus répandue et, à bien des égards, la plus commode pour administrer des médicaments vétérinaires. Cette technique nécessite de disposer de seringues et d'aiguilles — un matériel que beaucoup d'éleveurs ont aujourd'hui en leur possession. Si de nombreuses tailles sont disponibles sur le marché, un jeu de seringues de 20 ml et de 5 ml de capacité permet dans la pratique de faire face à la plupart des situations. Les modèles de 20 ml sont destinés aux volumes importants, par exemple l'administration d'un antibiotique à un bovin.

De même, il existe une grande diversité d'aiguilles de longueur et de diamètre variés. Le diamètre d'une aiguille est donné par un nombre, qui est d'autant plus élevé que le diamètre du canal interne est faible. Ce calibre varie entre 27G (aiguilles très fines) et 14G. Dans le cadre des travaux quotidiens d'élevage, des aiguilles de 16G

(1,5 mm) et 19G (1,1 mm) devraient couvrir la plupart des besoins. Le tableau ci-dessous récapitule les calibres conseillés pour les utilisations courantes.

Type d'injection	Catégorie de bétail	Longueur de l'aiguille		Calibre de l'aiguille	
		En inches (in, ")	En millimètres (mm)	G	mm
IV	Gros bétail (par ex. bovidés)	1,5-2	40-50	16	1,5
IM	Gros bétail (par ex. bovidés)	1,5	40	16	1,5
SC	Gros bétail (par ex. bovidés)	1	25	16	1,5
IV	Petit bétail (par ex. ovins)	1,5	40	19	1,1
IM	Petit bétail (par ex. ovins)	1-1,5	25-40	19	1,1
SC	Petit bétail (par ex. ovins)	1	25	19	1,1

IV : intraveineuse ; IM : intramusculaire : SC : sous-cutanée.

Les valeurs exposées dans ce tableau ne sont présentées qu'à titre indicatif et, concrètement, pour les éleveurs qui désirent garder leur trousse d'injection aussi simple que possible, des aiguilles de 16G et de 25 mm et 40 mm de longueur s'avèrent parfaitement polyvalentes. L'importance de l'hygiène a été soulignée au chapitre 6 : les seringues et les aiguilles doivent être nettoyées et stérilisées avant chaque emploi. Il est également primordial, à moins que le matériel utilisé ne soit de type jetable, de vérifier que les différents éléments sont en bon état de fonctionnement. Le piston doit être parfaitement adapté au cylindre et ne pas laisser échapper de liquide sur les côtés. Les aiguilles doivent être rectilignes et tranchantes afin que l'injection soit la moins douloureuse possible. Enfin, il convient également de prendre en considération le système de raccordement : plusieurs types existent sur le marché, et l'aiguille et le corps de la seringue doivent être compatibles sur ce plan. Le système « Luer » est le plus courant à l'heure actuelle.

Si le matériel doit être entretenu et utilisé avec soin, l'animal recevant l'injection mérite également une certaine attention. Le destinataire du traitement doit être maintenu avec fermeté : de fait, il n'est pas faux de dire que l'acteur le plus important de l'opération est souvent la personne chargée de contenir l'animal. Le site d'injection doit théoriquement avoir été tondu et aseptisé en badigeonnant la peau avec un antiseptique cutané — l'alcool, dénaturé, est souvent utilisé à cet effet. Toutefois, dans la pratique, ces préparatifs sont rarement suivis à la lettre sur le terrain. A condition que le site d'injection soit propre, les aiguilles

stériles et tranchantes et les seringues parfaitement nettoyées, l'intervention se déroule le plus souvent sans aucun problème.

Il arrive parfois que des animaux souffrant de désordres métaboliques (voir le volume 2) nécessitent de recevoir des volumes importants par perfusion intraveineuse, par exemple jusqu'à 800 ml de borogluconate de calcium pour des vaches atteintes de la fièvre de lait ou de tétanie d'herbage, maladies plutôt rares en élevage tropical. Dans ce cas, des tubes équipés d'une valve antiretour sont utilisés pour administrer la substance médicamenteuse par gravité, depuis un flacon suspendu au-dessus de l'animal (voir plus loin la section consacrée aux perfusions intraveineuses).

N.B. : Lorsque l'on travaille sur de nombreux animaux, les injections en série avec le même matériel doivent être évitées (intramusculaires, sous-cutanées ou intraveineuses). Pour éviter le risque de transmettre des maladies sanguines (anaplasmose, trypanosomose, etc.), il convient de changer d'aiguille, et si possible de seringue, entre chaque animal (voir page 161).

Les injections intramusculaires

L'injection intramusculaire est le type d'injection le plus courant et le plus facile à réaliser ; elle permet en outre une diffusion rapide de la substance dans l'organisme de l'animal depuis le site de la piqûre. Toute masse musculaire de taille importante peut convenir ; les zones privilégiées à ce titre sont habituellement la croupe (bovins et porcs adultes), les muscles de l'arrière de la cuisse (ovins, caprins, porcs, camélidés et jeunes animaux en général), ainsi que la partie supérieure (porcs), la partie médiane (équidés) et le tiers inférieur (bovins et petits ruminants) du cou. Certaines substances médicamenteuses pouvent induire une réaction locale des tissus, comme dans le cas de l'oxytétracycline à effet prolongé, ou oxytétracycline-retard ; il est conseillé de les injecter dans des masses musculaires moins sollicitées et à moindre valeur bouchère, telles que celles du cou. Ces substances entraînent parfois des douleurs et sont susceptibles de provoquer des boiteries passagères si elles sont administrées au niveau de la croupe ou d'un membre.

Le site de l'injection ayant été préparé, la seringue est remplie avec la quantité de solution recommandée ; l'aiguille est alors détachée du corps de la seringue et maintenue entre le pouce et l'index, les autres doigts repliés sur la paume. L'aiguille ainsi tenue dans le poing fermé, le site de l'injection est frappé deux ou trois fois avec la base de la paume, puis, dans l'élan du coup suivant, le poignet est légèrement pivoté afin d'enfoncer l'aiguille à travers la peau et dans la masse musculaire (voir la figure 8.1). L'embout de la seringue peut alors être raccordé sur la partie de l'aiguille dépassant de la peau.

Avant d'administrer la solution médicamenteuse, il est important de tirer légèrement sur le piston de la seringue afin de vérifier que l'extrémité de l'aiguille ne se trouve pas dans une veine. Si aucune trace de sang n'apparaît dans la seringue, on enfonce alors le piston lentement mais sans hésitation pour expulser dans le muscle la totalité de la solution à injecter. L'aiguille et la seringue peuvent alors être retirées et le site de l'injection frictionné pendant quelques instants afin de favoriser la résorption du médicament et de limiter autant que possible l'apparition d'une tuméfaction ou d'une autre réaction.

Les injections sous-cutanées

Dans ce type d'injection, la substance à injecter est introduite juste sous la peau et non pas dans la masse musculaire. Les solutions injectées de la sorte sont absorbées plus lentement par l'organisme que par voie intra-musculaire. Toute portion de peau lâche et mobile peut convenir : chez les animaux, quelle que soit l'espèce, ces injections sont le plus souvent effectuées juste à l'avant ou à l'arrière de l'épaule. Après désinfection, un repli de peau est pincé entre le pouce et l'index, et l'aiguille — déjà fixée au corps de la seringue contenant le liquide à injecter — est enfoncée d'un geste franc dans la peau à la base du repli. La solution est alors injectée. Il convient de veiller à ce que l'aiguille ne traverse pas le repli de peau de part en part (voir la figure 8.2). Lorsque la position est correcte, la pointe de l'aiguille devrait pouvoir bouger relativement librement sous la peau. Si ce n'est pas le cas, il est possible qu'elle ait atteint des couches plus profondes et mieux vaut refaire une tentative. Après l'injection, l'aiguille est retirée et la zone est vivement frictionnée.

Les injections intraveineuses

Dans le cas des injections intraveineuses, la solution est libérée directement dans la circulation sanguine et peut agir immédiatement. La voie intraveineuse est de ce fait plus souvent utilisée en cas d'urgence, lorsqu'un effet rapide est recherché ou que le produit est trop caustique pour être injecté par les autres voies. Une bonne contention de l'animal est essentielle au succès de l'opération. La plupart des éleveurs devraient laisser aux vétérinaires le soin d'effectuer ces injections. Les veines disponibles sont peu nombreuses ; le site d'injection le plus courant est dans la veine jugulaire, qui se trouve sous le sillon, appelé

gouttière jugulaire, qui court de chaque côté de la trachée, dans la partie inférieure du cou. L'animal est maintenu fermement, la tête relevée et légèrement détournée de manière à présenter l'arrondi du cou. Le pouce est alors appuyé sur la gouttière jugulaire, à la base du cou, ce qui a pour effet de ralentir le flux sanguin et de faire gonfler la veine, qui devient visible sous la peau après environ une trentaine de secondes. En cas de doute, elle peut généralement être localisée par palpation : au toucher, la veine remplie de sang présente une consistance assez ferme rappelant celle d'une éponge. Un effet similaire peut être obtenu en serrant une cordelette passée autour du cou, à la façon d'un tourniquet — un moyen parfois préféré pour les animaux de grande taille. Tout en maintenant la pression sur la veine jugulaire, l'aiguille est introduite dans celle-ci selon un angle aussi faible que possible, de manière à ce qu'elle se glisse dans l'axe du vaisseau. Une erreur fréquente consiste à piquer selon un angle trop important, à la suite de quoi l'aiguille est susceptible de traverser de part en part le vaisseau sanguin visé (voir la figure 8.3). Il est essentiel d'utiliser une aiguille bien tranchante pour les injections intraveineuses ; lorsque c'est possible, le mieux est de recourir aux modèles jetables.

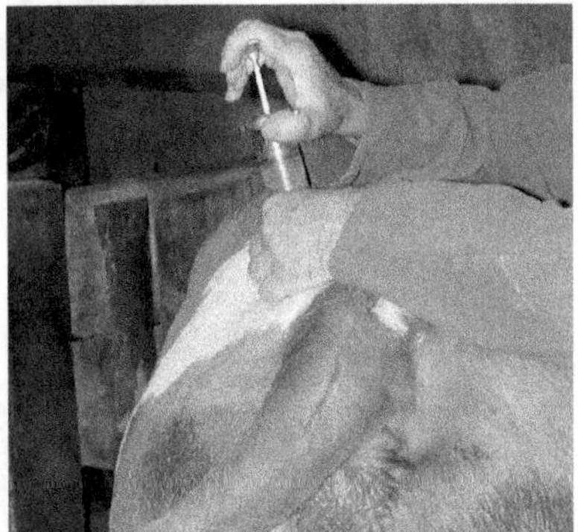

Figure 8.1. Pour réaliser une injection intramusculaire, l'aiguille est tenue entre le pouce et l'index du poing fermé (cliché Meyer C.).

Figure 8.2. Injections sous-cutanées. Il faut bien veiller à ce que l'aiguille parvienne sous la peau et ne traverse pas le repli (cliché Thiaucourt F.).

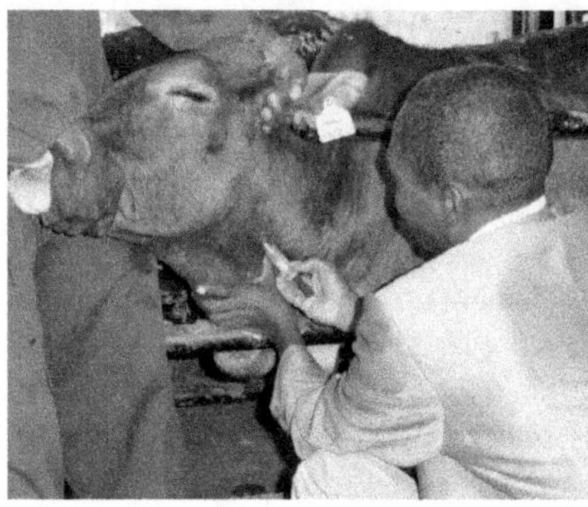

Figure 8.3.
Injections intraveineuses
ou prélèvements sanguins
à l'encolure. Après pénétration,
l'aiguille doit être pratiquement
parallèle à la veine jugulaire
et non pas perpendiculaire à celle-ci.
La veine jugulaire est rendue
apparente par la pression du pouce
(cliché Thiaucourt F.).

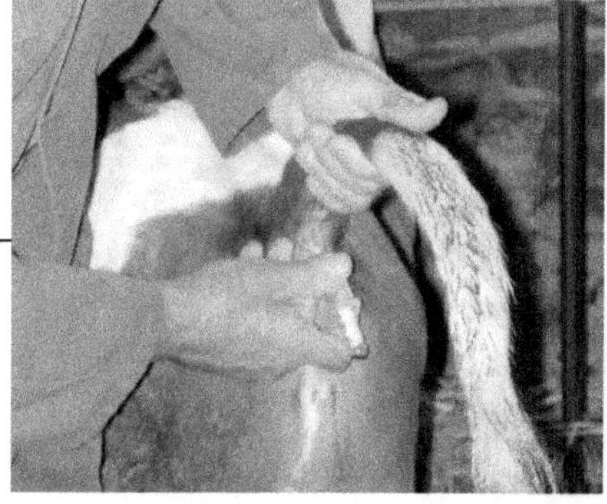

Figure 8.4.
Le prélèvement sanguin peut aussi
être réalisé sous la queue chez
les bovins
(cliché Meyer C.).

Lorsque l'aiguille est placée correctement, le sang s'écoule librement et le corps de la seringue peut y être raccordé. Toutefois, avant d'injecter la solution médicamenteuse, le piston doit être légèrement reculé afin de vérifier que l'extrémité de l'aiguille est encore dans la veine — le moindre faux mouvement étant susceptible de l'en déloger. La pression exercée sur la veine peut alors être relâchée et le liquide injecté, prudemment mais sans à-coups. Au cas où l'aiguille sortirait de la veine, une légère différence de pression serait détectée au niveau du piston et un gonflement serait susceptible d'apparaître autour du site de l'injection. Il est alors préférable, plutôt que de tenter de retrouver la veine au risque de léser les tissus environnants, d'extraire l'aiguille complètement et de renouveler l'opération ailleurs. Après l'injection, l'aiguille est retirée.

Les injections intraveineuses sont également possibles dans d'autres veines, mais mieux vaut confier ce type de travail aux vétérinaires

(figure 8.3). Les porcs présentent des difficultés singulières, et les veines des oreilles ou la veine cave antérieure, de grande taille, située à l'entrée de la cage thoracique, peuvent être utilisées en lieu et place de la jugulaire.

Les perfusions intraveineuses

Des volumes importants de substance médicamenteuse dépassant la capacité d'une seringue doivent quelquefois être administrés par voie intraveineuse. A cet effet, un flacon contenant la solution à administrer est raccordé par une valve antiretour spéciale à un tube souple d'environ un mètre de longueur. L'aiguille est introduite dans la veine selon la méthode décrite précédemment, puis le flacon est suspendu en hauteur de sorte que le liquide s'écoule librement de l'extrémité du tube, qui est alors fixé sur l'aiguille par un raccord. Cette procédure permet l'absorption régulière du médicament par gravité, sans que des bulles d'air puissent s'introduire dans le système.

Les autres injections

Il existe d'autres types d'injection, telles les injections intradermiques, le plus souvent destinées au diagnostic et réservées aux vétérinaires.

L'administration par voie orale

Un grand nombre de médicaments peuvent être administrés par voie orale. Toutefois, ce mode d'administration est généralement moins facile à mettre en œuvre que les injections, et les animaux doivent être maintenus avec précaution à cause du risque de voir le médicament emprunter les voies respiratoires et aboutir dans les poumons en cas de fausse manœuvre.

Les breuvages

Lorsqu'un médicament est donné oralement sous forme liquide, le plus important est de contenir l'animal dans la bonne position : la tête légèrement relevée et le cou droit, afin qu'il puisse facilement avaler le breuvage. Ce type de médicament peut être administré à l'aide d'une bouteille à goulot étroit, de préférence en matière plastique rigide et incassable, contenant la quantité adéquate du breuvage. L'animal étant maintenu dans la position recommandée, le goulot de la bouteille est doucement mais fermement introduit dans le côté de la bouche en écartant les mâchoires, le liquide étant alors versé de telle sorte que l'animal doive en avaler le contenu. La clé d'une manœuvre réussie tient dans la stricte contention de l'animal dans la bonne position : dans le cas inverse, des mouvements de résistance sont susceptibles de faire perdre une partie du contenu de la bouteille, voire de faire s'écouler le liquide dans la trachée puis dans les poumons. Il est également possible de recourir à une seringue de droguage ou à un pistolet doseur. Ces instruments présentent le plus souvent un embout incurvé et, bien qu'ils soient incontestablement plus commodes à utiliser, ils requièrent également la plus grande attention dans la mesure où le bec peut très facilement être enfoncé trop loin dans la cavité buccale, injectant par mégarde le breuvage dans la trachée ou même blessant le fond de la gorge.

Tous les animaux peuvent recevoir une préparation liquide de la sorte, à l'exception des équidés (chevaux et ânes). Chez ces derniers, la conformation de la bouche et de la gorge rend obligatoire l'utilisation d'une sonde gastrique introduite par l'un des naseaux — une manipulation qu'il est préférable de confier à un vétérinaire. Beaucoup de médicaments pour chevaux à administrer par voie orale sont de ce fait disponibles sous une forme qui peut être mélangée à la nourriture ou étalée sur la langue des animaux afin qu'ils les avalent.

Les comprimés, gélules et dragées, ou bolus
Sous cette forme, la substance médicamenteuse est déposée sur l'arrière de la langue, la bouche de l'animal étant ensuite maintenue fermée jusqu'à déglutition. Cette technique demande un certain savoir-faire, que la plupart des éleveurs sont en mesure d'acquérir avec un peu d'entraînement. Des instruments spéciaux, lance-bolus ou lance-pilule, peuvent être utilisés, s'il y a lieu, pour faciliter la manœuvre.

▌▶ L'application topique, ou locale
Cette procédure consiste à appliquer la substance médicamenteuse à la surface de l'organisme, par exemple dans les yeux ou sur la peau. Les médicaments à administrer de cette manière existent sous la forme de crèmes, pommades, poudres ou aérosols à pulvériser.

Les plaies cutanées
Les blessures doivent tout d'abord être nettoyées en enlevant doucement les impuretés ou le pus à l'aide d'un morceau de tissu propre ou de coton imbibé d'un produit antiseptique. Si l'on ne dispose d'aucun antiseptique ou désinfectant, l'eau bouillie reste ce qu'il y a de plus adapté. Les poils entrant dans la plaie doivent être coupés. Ce nettoyage soigneux est important dans la mesure où toute blessure sale et contaminée est susceptible de cicatriser plus lentement et d'attirer des mouches. La

forme du produit traitant à appliquer localement relève essentiellement du choix personnel, mais les aérosols à pulvériser, contenant souvent une substance colorante, connaissent un certain succès. Il reste que les aérosols doivent être utilisés avec prudence au niveau de la tête, en veillant à ne pas envoyer de substance dans les yeux. Le traitement doit parfois être renouvelé plus d'une fois par jour jusqu'à ce que la plaie évolue clairement vers la cicatrisation. Les blessures importantes peuvent nécessiter la mise en place de points de suture sous anesthésie locale ou générale — il est alors indispensable de faire appel à un vétérinaire.

Les abcès

Les plaies infectées et les autres lésions cutanées évoluent parfois en abcès. Dans ce cas, le point le plus bas de l'abcès doit être crevé à l'aide d'un couteau tranchant ou d'un scalpel afin de laisser le pus s'échapper librement. Le site doit être laissé à l'air libre pour permettre un drainage optimal ; par ailleurs, il est important de maintenir propres la plaie et ses abords dans le souci d'éviter autant que possible d'attirer des mouches. L'évolution positive peut être favorisée en appliquant des antibiotiques à l'intérieur de l'abcès. L'eau oxygénée est parfois utilisée pour nettoyer « mécaniquement » la cavité, sous l'effet de la production brutale d'oxygène au contact de la matière organique. Percer un abcès ne fait appel à aucun savoir-faire particulier, mais une erreur fréquente est de pratiquer une ouverture trop étroite pour que la totalité du pus puisse s'écouler. Beaucoup d'éleveurs préfèrent par conséquent confier ce travail à un vétérinaire ou à un technicien.

Les traitements oculaires

Les médicaments destinés au traitement des yeux existent sous la forme d'onguents en tube ou de poudre en pulvérisateur. Les onguents doivent être appliqués directement sur le globe oculaire, sous la paupière. Toutefois, la manœuvre s'avérant parfois stressante pour les animaux, la version en poudre à pulvériser dans l'œil lui est souvent préférée, bien qu'elle soit légèrement plus irritante pour les tissus. Dans la mesure où le flux lacrymal lessive la zone oculaire en permanence, il est fréquemment recommandé de renouveler l'application plusieurs fois par jour ; les instructions du fabricant doivent être soigneusement respectées.

Une catégorie importante de médicaments à application topique sont les insecticides et les acaricides (parasiticides) pour lutter contre les arthropodes de la peau (voir le chapitre 2 et la figure 8.5). Ces produits sont traités plus en détail dans le volume 2.

Figure 8.5. Aspersion contre les tiques dans un couloir de contention (cliché Maillard J.C.).

L'administration par voie vaginale

Des ovules gynécologiques, ou oblets, souvent antibactériens, peuvent être déposés dans les cornes ou le col de l'utérus ou au fond du vagin.

Les injections intramammaires

Chez les bovins (taurins et buffles), la mammite peut être soignée par injection de préparations antibiotiques, spécialement mises au point à cet effet, directement à l'intérieur de la glande mammaire atteinte. Cette procédure particulière est décrite dans le volume 2.

Le prélèvement d'échantillons pour leur analyse en laboratoire

Bien souvent, en cas de maladie ou d'épidémie, l'examen clinique des animaux ne suffit pas à arrêter un diagnostic et l'analyse en laboratoire de certains prélèvements peut être requise. Le processus complexe qui part de l'obtention d'échantillons sur les cas cliniques sur le terrain pour aboutir à leur analyse en laboratoire relève de plusieurs disciplines et fait intervenir des techniciens spécialisés dans divers domaines — pourtant, cet aspect de la médecine vétérinaire est malheureusement fréquemment négligé. Face à un événement pathologique et à des éleveurs inquiets qui souhaitent des mesures immédiates, l'option la plus

facile qui s'offre au vétérinaire ou au zootechnicien consiste fréquemment à faire un diagnostic rapide et à agir en conséquence sans prendre la peine d'envoyer les échantillons pertinents au laboratoire pour confirmation.

Certaines procédures de prélèvement sont compliquées et ne doivent être tentées que par un vétérinaire ou un technicien averti. Toutefois, beaucoup des manipulations les plus simples sont parfaitement à la portée des éleveurs et gardiens de troupeaux. Les techniques dont il est question dans le volume 2 sont brièvement décrites ci-dessous.

▐▶ Les prélèvements sanguins

Les tests effectués sur des échantillons de sang font partie du travail de routine des laboratoires d'analyses médicales. En théorie, les échantillons de sang ne devraient être prélevés que par des vétérinaires ou des techniciens expérimentés (figure 8.4). Cependant, en cas de besoin, les éleveurs peuvent les réaliser eux-mêmes, à condition d'avoir organisé à l'avance avec le vétérinaire ou le personnel du laboratoire la fourniture du matériel nécessaire pour le conditionnement, l'emballage et l'acheminement des échantillons. Comme chacun sait, le saignement qui se produit à la suite d'une blessure s'interrompt rapidement grâce à la faculté qu'a le sang de coaguler lorsqu'il se trouve à l'extérieur de l'organisme. Le même phénomène prend place dans les prélèvements sanguins si rien n'est ajouté aux échantillons pour s'y opposer. Il en ressort que deux types de prélèvements peuvent être collectés, selon qu'ils sont autorisés ou non à coaguler : d'une part, des échantillons de sérum (le processus de coagulation ayant suivi son cours) et, d'autre part, des échantillons de plasma ou de sang total (ou entier), non coagulés.

Le prélèvement d'échantillons de sang

N.B. : On aura à l'esprit que tout prélèvement sanguin comportant des hématies devra être transporté sous froid mais non congelé, car la congélation casse la membrane extérieure des hématies et fait sortir l'hémoglobine, et sur des distances limitées par les conditions de transport notamment pour les caillots.

En suivant la même méthode que celle utilisée pour réaliser des injections intraveineuses, une aiguille stérile est introduite dans la veine jugulaire ; toutefois, dans le cas des porcs, l'opération doit être effectuée par un vétérinaire. Le sang qui s'écoule peut alors être recueilli, soit directement dans un récipient stérile tel qu'un tube de prélèvement, par la suite hermétiquement obturé, soit dans une seringue stérile raccordée à l'aiguille, dans laquelle le sang est aspiré puis transvasé dans le récipient de conditionnement. Un échantillon de 10 ml de sang suffit habituellement pour les besoins les plus courants. Lorsque l'analyse doit être conduite sur du sérum, le processus de coagulation doit être autorisé à suivre son cours afin que les cellules sanguines, globules rouges et globules blancs, s'agglomèrent en laissant limpide la phase liquide, qui correspond au sérum. Pour ce faire, l'échantillon doit être laissé reposer à l'ombre, et non au réfrigérateur, pendant 12 heures. Il est alors possible de séparer le sérum du caillot de sang en le versant avec précaution dans un second récipient, laissant le caillot dans le premier, ou encore en l'aspirant à l'aide d'une pipette ou d'une seringue. Si les échantillons coagulés non séparés sont envoyés au laboratoire, le risque existe de voir les pigments des globules rouges contaminer le sérum (hémolyse), ce qui rend ce dernier impropre à plusieurs types d'analyses. Si l'expédition au laboratoire est retardée de plus d'une journée environ, les échantillons de sérum peuvent être conservés au réfrigérateur après séparation du caillot. En cas de délai prolongé atteignant plusieurs semaines, voire plus, il est possible de conserver le sérum au congélateur jusqu'au moment de l'analyse.

Certains tests doivent être conduits sur des échantillons de sang entier non coagulé. Dans ce cas, le récipient de conditionnement doit contenir une substance anticoagulante fournie par le laboratoire afin d'inhiber la coagulation. Plusieurs agents anticoagulants existent sur le marché qui sont utilisés en fonction des analyses à effectuer. L'une de ces substances est l'héparine, l'anticoagulant normalement présent dans le sang avec pour fonction de prévenir la formation de caillots dans la circulation. Quel que soit l'agent employé, il est important d'agiter immédiatement l'échantillon, dès la prise de sang réalisée, d'un geste vif et précis pour bien disperser l'anticoagulant dans tout le liquide prélevé, à défaut de quoi le processus de coagulation est encore susceptible de prendre place. Les échantillons de sang entier, ou sang total, doivent être expédiés au laboratoire aussi rapidement que possible, de préférence sur de la glace car les cellules sanguines commencent à se désintégrer si le délai se prolonge. En revanche, ils ne doivent pas être placés au congélateur — à moins d'instructions expresses en ce sens de la part du laboratoire — car un tel traitement détruirait les cellules sanguines. A noter que l'héparine rend le sang impropre à la confection de frottis destinés à être colorés au Giemsa. Lui préférer alors d'autres anticoagulants comme le citrate de soude ou l'EDTA.

Les prélèvements sanguins ont été grandement facilités par la mise au point du système de type Vacutainer®. Les tubes Vacutainer® sont des tubes scellés dans lesquels règne un vide d'air. On préférera les tubes en verre dont le vide tient mieux dans le temps et qui en outre ne se déforment pas à la chaleur. Ces tubes, ainsi que le matériel associé tel que des aiguilles stériles spéciales biseautées aux deux bouts et des corps porte-tube adaptés, sont disponibles dans le commerce. L'aiguille est vissée sur le corps porte-tube et la pointe intraveineuse introduite dans la veine jugulaire selon la procédure habituelle. Le bouchon en caoutchouc du tube est alors placé contre l'autre extrémité de l'aiguille et le tube enfoncé à fond dans le corps porte-tube. Le tube se remplit alors rapidement de sang du fait de la pression négative du vide. Le tube est retiré lorsque le sang cesse d'affluer, et l'aiguille est extraite de la veine (voir les figures 8.6 et 8.7). Les tubes Vacutainer® existent en plusieurs tailles, avec ou sans anticoagulant, en fonction des besoins. Cette méthode s'avère non seulement plus facile mais encore plus intéressante sur le plan de l'hygiène : en effet, l'opération se déroulant en « vase clos », les quantités de sang éparpillées sont limitées au minimum. Il reste que ce système rend le prélèvement de sang relativement coûteux.

Quelle que soit la méthode employée, toute trace de sang devrait être soigneusement nettoyée au site de la prise de sang.

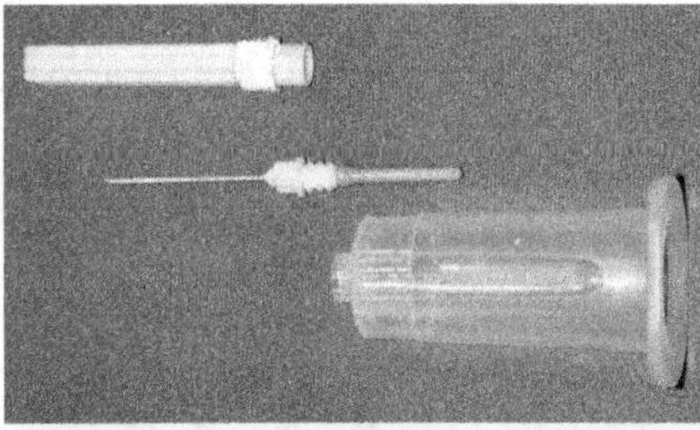

Figure 8.6.
Le matériel du système Vacutainer®. Il comporte :
1. Une aiguille biseautée aux deux extrémités : une extrémité est à introduire dans la veine, l'autre extrémité est à placer contre (et non pas à travers) le bouchon en caoutchouc
2. Un corps porte-tube.
(cliché Meyer C.).

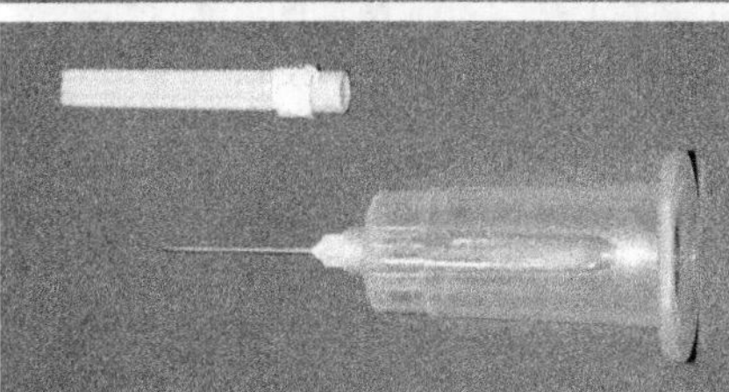

Figure 8.7.
Le matériel du système Vacutainer®. L'aiguille assemblée au corps porte-tube prête à prélever un échantillon de sang. Une fois la veine piquée, le tube est enfoncé pour que l'aiguille perce le bouchon du tube en verre sous vide. Le vide d'air aspire le sang dans le tube (cliché Meyer C.).

N.B. : Vacutainer® est un nom commercial de Becton Dickinson.

◗ Les frottis sanguins

Un certain nombre d'infections très importantes transmises par des tiques ou des mouches sont susceptibles d'être diagnostiquées à partir de frottis sanguins réalisés sur des lames de microscope en verre fournies par le laboratoire. Les vétérinaires qui travaillent dans des pays tropicaux ou subtropicaux réalisent régulièrement de tels frottis avec le sang d'animaux chez lesquels ils soupçonnent ce type de maladie, et rien ne s'oppose à ce que les éleveurs et les gardiens de troupeaux puissent faire de même. Pour cette opération, le sang le plus approprié est celui des petits vaisseaux sanguins (sang capillaire), obtenu en piquant la pointe de l'oreille ou de la queue avec une pointe acérée stérile telle qu'une aiguille de seringue. Il est parfois nécessaire de commencer par couper les poils autour du site de prélèvement. Une petite goutte de sang doit apparaître, qui est déposée près de l'une des extrémités de la lame de verre. Rapidement, avant que la coagulation ne s'installe — la lame de verre étant maintenue d'une main sur une surface stable (les ailes des véhicules tout-terrain conviennent bien) — le bord d'une seconde lame de verre est posée à un angle de 30 ou 40° par-dessus et juste à l'avant de la goutte en laissant le sang se propager le long de la ligne de contact entre les deux lames. La seconde lame est alors doucement mais fermement poussée sur la première en direction de l'autre extrémité, remorquant derrière elle la goutte de sang qui s'étale en une mince couche. Lorsque la manipulation est correctement effectuée, la totalité du sang se retrouve étalée sur la lame en formant une tache qui se termine en pointe (voir la figure 8.8). Il est conseillé de couper un des coins de la seconde lame pour que la largeur de la pellicule de sang soit inférieure à celle de la lame servant de support. La mince couche de sang obtenue est enfin séchée à l'air libre en agitant la lame et placée hors des rayons du soleil. Les erreurs courantes à ne pas commettre sont les suivantes :

– la quantité de sang utilisée est trop importante ;

– la lame servant à étaler le sang est placée derrière la goutte, cette dernière étant alors poussée vers l'avant plutôt que tirée en remorque ;

– la seconde lame est posée sur la première selon un angle trop important, ce qui entraîne la formation d'un frottis trop épais ;

– l'opération est réalisée sans prendre appui sur un support stable et plat : le geste est mal maîtrisé et le résultat est irrégulier ;

– le frottis est contaminé par de la poussière ou d'autres impuretés.

Une fois secs, les frottis peuvent être expédiés au laboratoire pour coloration et examen microscopique, si possible après fixation par immer-

sion de la lame dans du méthanol pendant au moins 30 secondes. Afin d'éviter qu'elles se cassent pendant le transport, les lames de frottis doivent être soigneusement enveloppées dans du papier doux, tel le papier toilette, et protégées entre des plaques de carton rigide ou dans une boîte spéciale.

Lorsqu'une trypanosomose est suspectée, il arrive que le laboratoire demande la réalisation d'un frottis plus épais, appelé goutte épaisse. Pour ce prélèvement, une goutte de sang est déposée sur une lame support et légèrement étalée à l'aide du coin d'une seconde lame jusqu'à ce qu'elle couvre une surface d'environ 1 cm^2 ; le sang est ensuite laissé à sécher complètement à l'air libre. Les gouttes épaisses ne doivent pas être fixées au méthanol, sous peine de devenir impropres à l'examen microscopique en laboratoire.

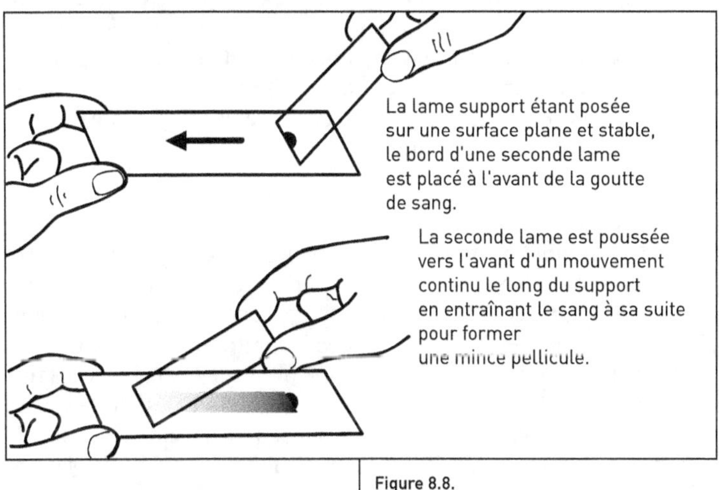

Figure 8.8.
Réalisation d'un frottis sanguin.

Les frottis de biopsie de ganglion lymphatique

Certaines affections, telle la theilériose, entraînent un gonflement des ganglions lymphatiques superficiels. Il est possible, en vue d'un examen en laboratoire, de réaliser des frottis à la manière d'un frottis sanguin avec du liquide extrait de ces ganglions. A cette fin, une aiguille stérile d'environ 16G est introduite dans le ganglion tuméfié, tout en gardant l'embout fermé par le pouce ou par une seringue montée dessus, et une petite quantité de liquide est prélevée dans une seringue.

L'échantillon est alors déposé sur une lame de verre puis étalé à l'instar d'un frottis classique. La présence fréquente de petits fragments de tissus peut rendre la couche mince obtenue d'apparence moins propre qu'un frottis sanguin, sans qu'il y ait lieu de s'en inquiéter.

▶ Les échantillons pour le diagnostic du charbon bactéridien

Des animaux qui succombent brutalement ou après une maladie de courte durée doivent toujours faire penser au charbon bactéridien, et leurs cadavres doivent par conséquent être immédiatement brûlés, ou enterrés sans être ouverts, sous peine de sporulation des bacilles, qui alors peuvent rester infectieux pendant des décennies ou même davantage (« prés maudits »). Il est important de vérifier une telle suspicion, sans retarder la neutralisation du cadavre. Cela peut être fait sur un frottis de sang, prélevé après avoir pratiqué une petite incision sur une oreille. Parce que le charbon est infectieux et dangereux pour les humains, un tel frottis est de préférence fait par un vétérinaire ; il est important de se laver les mains consciencieusement après. Le cadavre ne doit faire l'objet d'aucun autre prélèvement.

▶ Les échantillons d'autopsie

L'autopsie d'animaux morts est généralement confiée au vétérinaire, qui dispose normalement de tout le matériel requis pour ce qui est des instruments, des récipients et des agents conservateurs pour les échantillons. Il peut arriver cependant que le laboratoire ou les techniciens vétérinaires demandent à l'éleveur de prélever lui-même certains échantillons particuliers pour analyse : par exemple des morceaux de poumons pour le diagnostic de la pleuropneumonie contagieuse bovine ou caprine, des fragments de rate pour celui de la maladie de Nairobi ou encore des prélèvements de sang cardiaque sur écouvillon en ce qui concerne la septicémie hémorragique. Dans ces conditions, s'il ne dispose pas du matériel approprié, l'éleveur est réduit à improviser et à faire appel à son bon sens. La plupart des éleveurs acquièrent une connaissance pratique de l'anatomie interne de leurs animaux et savent trouver et prélever l'organe visé sans trop de difficultés, armés d'un simple couteau bien affûté — tout en prenant, bien entendu, les précautions qui s'imposent en matière d'hygiène. Les blocs de tissu doivent mesurer environ 5 cm de largeur et les coups de lame doivent être aussi nets que possible. L'échantillon est ensuite introduit dans un récipient sec et hermétique tel qu'un bocal à confiture équipé d'un couvercle qui se

visse, et immédiatement expédié au laboratoire. Si des délais sont prévisibles, les prélèvements doivent être maintenus sur de la glace à l'intérieur d'une boîte calorifugée (glacière). Lorsque le laboratoire demande des écouvillonnages de certains tissus, les prélèvements sur écouvillons — en admettant que ces derniers aient été fournis — sont traités de la même manière. Les écouvillons sont habituellement distribués dans des récipients individuels pour plus de sûreté et de facilité de transport.

Certaines procédures d'analyse autorisent la congélation des tissus jusqu'au moment de l'expédition, mais il convient de n'y recourir que sur la demande expresse du laboratoire.

Les prélèvements en cas de suspicion de rage

Voir le volume 2.

Les prélèvements à effectuer en cas d'avortement spontané

En cas d'avortements spontanés au sein d'un troupeau, beaucoup d'éleveurs acheminent le fœtus avorté au laboratoire en vue de son analyse. L'intérêt de cette pratique se révèle bien souvent limité, malheureusement, dans la mesure où les avortements résultent fréquemment de dysfonctionnements siégeant au niveau du placenta ou de l'utérus, l'expulsion prématurée du fœtus représentant une conséquence de cet état de fait plutôt que sa cause. De manière générale, le placenta devrait si possible être recueilli et expédié avec le fœtus, en suivant les règles de conditionnement décrites plus haut au sujet des échantillons d'autopsie. Si aucun récipient de taille suffisante n'est disponible, les spécimens peuvent être transportés dans des sacs en plastique soigneusement noués, en veillant bien à ce que l'ensemble soit parfaitement étanche.

Les raclages et les biopsies de la peau

Les maladies de peau qui produisent des croûtes, telles que la teigne et la gale, peuvent habituellement être diagnostiquées par un examen en laboratoire d'échantillons des lésions prélevés par raclage, ou grattage. En se concentrant sur les zones périphériques des lésions, où l'agent responsable est susceptible d'être le plus actif et le plus abondant, le raclage est réalisé à l'aide d'une lame tranchante et propre, telle qu'un scalpel ou une lame de rasoir. Les prélèvements obtenus sont ensuite introduits dans un récipient quelconque, propre et sec, dont la seule spécificité est qu'il doit pouvoir être facilement vidé de son contenu une fois au laboratoire : un petit bocal muni d'un couvercle ou même une enveloppe cachetable peuvent convenir. Les boîtes en carton, en revanche, sont à proscrire, les échantillons étant susceptibles de se glisser derrière les divers rabats et d'y être perdus.

Certaines affections cutanées se manifestent par des lésions nodulaires plutôt que par des croûtes. Dans ce cas, le diagnostic en laboratoire est effectué sur des biopsies des nodules. Pour ce faire, un nodule est prélevé en entier à l'aide d'un scalpel stérile tranchant et conditionné de la même manière qu'un échantillon d'autopsie. Ce type d'intervention entraîne nécessairement des saignements, et le site de prélèvement doit par la suite être traité selon les règles décrites plus haut au sujet des plaies.

▌▶ Les échantillons fécaux et les écouvillonnages rectaux

Il est courant de faire examiner des échantillons de fèces en laboratoire (examen coproscopique) pour y rechercher des parasites internes tels les œufs d'helminthes, les coccidies (voir le chapitre 2). Aucun savoir-faire particulier n'est nécessaire pour le prélèvement : les excréments peuvent être récoltés à la main à l'intérieur du rectum en veillant à ne pas en blesser la paroi interne. L'usage de gants jetables en caoutchouc est répandu mais pas indispensable pourvu que les mains soient soigneusement lavées après l'opération. Les récipients les plus commodes sont de petits pots en matière plastique équipés de couvercles encliquetables se fermant par pression de la main et contenant environ 10 g de matière fécale — mais tout petit bocal propre doté d'un bon système de fermeture peut convenir. Mieux vaut privilégier les récipients de petite taille, dans la mesure où ils doivent être remplis jusqu'au bord en incluant le moins d'air possible afin d'éviter que des larves de vers éclosent et faussent les comptages effectués au laboratoire. Les excréments étant un matériau facile à obtenir et abondant, les éleveurs cèdent souvent à la tentation d'en soumettre bien plus que nécessaire ; un échantillon de 10 g environ suffit dans la plupart des cas.

Les échantillons fécaux servent également à isoler des organismes pathogènes, tels que ceux qui sont responsables des diarrhées. Dans cette situation, cependant, il est préférable d'envoyer un échantillon prélevé dans le rectum par écouvillonnage. La méthode de l'écouvillonnage rectal est plus hygiénique que la récolte d'échantillons fécaux et donne des résultats tout aussi exploitables en ce qui concerne leur analyse en laboratoire.

▷ Le conditionnement, l'étiquetage et l'information associée

Les éleveurs disposent rarement du matériel, des produits de conservation et des récipients spécialement destinés à la récolte et à l'expédition des échantillons : dans ce domaine, les compromis de bon sens sont à privilégier. De nos jours, les conditionnements des produits achetés fournissent un large éventail de récipients divers et variés (bidons, bocaux, etc.) parmi lesquels il est souvent possible d'en trouver d'acceptables pouvant être lavés et fermés de manière hermétique. Quels que soient les récipients utilisés, ils doivent être soigneusement emballés pour éviter qu'ils s'entrechoquent, à l'aide de matériaux de rembourrage le cas échéant, afin de limiter les risques qu'ils se brisent au cours du transport. En outre, si les échantillons expédiés ne contiennent pas d'agent conservateur — ce qui est fréquemment le cas —, ils doivent être maintenus au frais et acheminés aussi vite que possible vers le laboratoire. Lorsqu'un certain délai est à prévoir, les prélèvements, chacun enfermé dans son récipient individuel, doivent être transportés sur de la glace à l'intérieur d'un conteneur isotherme adapté — bouteille thermos ou boîte calorifugée du type glacière selon les besoins.

N.B. : A moins de ne pouvoir mettre en œuvre les mesures précisées ci-dessus, tout échantillon laissé sans conservateur dans les régions à climat tropical ou subtropical pourrit rapidement et devient inutilisable pour les analyses en laboratoire.

Les prélèvements envoyés pour analyse doivent être étiquetés sans ambiguïté, en identifiant le propriétaire, l'animal, le lieu, la date et le commanditaire (celui qui paye), et accompagnés d'informations précises sur les circonstances qui les entourent. Plutôt que d'écrire les détails relatifs à l'échantillon directement sur le récipient, il est toujours préférable de se contenter d'y inscrire un code simple (une lettre ou un nombre) — les observations médicales afférentes pouvant alors être rédigées séparément sur une feuille de papier libre, en indiquant le code du prélèvement concerné. Ces informations devraient être aussi exhaustives que possible au sujet de la maladie en question, précisant par exemple les espèces atteintes, les signes cliniques, le nombre d'animaux atteints, le nombre d'animaux à risque, l'échelle de temps, les événements récents qui ont pu se produire tels que l'arrivée de nouveaux animaux ou un changement de pâturage, ainsi que les éventuels traitements administrés. Ces renseignements peuvent être inscrits soit de façon codifiée, soit dans une écriture même non officielle pourvu qu'elle soit comprise ou traduite au laboratoire.

La rédaction de ces observations médicales (commémoratifs ou anamnèse) constitue, jusqu'à un certain point, un art qui ne peut être maîtrisé qu'avec l'expérience et la pratique. Il arrive malheureusement que des vétérinaires expérimentés éprouvent encore des difficultés à dominer cette discipline particulière ; toutefois, à condition que les éleveurs utilisent leur bon sens lorsqu'ils doivent faire analyser des échantillons et notent toutes les informations qu'ils jugent pertinentes au regard du problème pathologique qui les préoccupe, ils ne seront pas très loin du compte.

Glossaire

Acaricide *(acaricide)* : Substance qui détruit les tiques et les acariens. Voir *ixodicide*.

Acariens *(mites)* : Taxon d'arachnides à 4 paires de pattes et au corps divisé en 2 parties comprenant, entre autres, les tiques, les acariens des gales et les oribatides (libres). Voir *acariens des gales, oribatidés*. (Syn. : Acari)

Acariens des gales *(mange mites)* : Acariens, agents des gales, vivant dans l'épiderme des mammifères.

Accouplement *(coitus, service, mating)* : Acte sexuel avec intromission du pénis du mâle dans le vagin de la femelle et éjaculation. (Syn. : coït, monte, lutte, saillie, copulation)

Alopécie *(alopecia)* : Absence de poils ou de laine.

Anatoxine *(anatoxin, toxoid)* : Toxine atténuée utilisée comme un vaccin (anavaccin) ou en traitement. (Syn. : toxoïde)

Anémie *(anaemia)* : Réduction du volume total du sang, du nombre des globules rouges ou de la teneur en hémoglobine du sang.

Ankylostomes *(hookworms)* : Groupe de strongles digestifs hématophages dotés de pièces buccales de grande taille se rencontrant dans les intestins des ruminants, des chiens et des chats. Voir *strongles*.

Annexes embryonnaires *(fœtal membranes)* : Structures protectrices et nourricières (membrane amniotique et placenta notamment) qui protègent et nourrissent l'embryon dans l'utérus de la mère. Avec le placenta, elles sont éliminées à la naissance. Voir *placenta*.

Anorexie *(anorexia)* : Perte de l'appétit.

Anthelminthique *(antihelminthic, anthelminthic)* : Substance active contre les helminthes (vers). Un vermifuge élimine les vers ; un vermicide les détruit. (Syn. : antihelminthique). Voir *douvicide*.

Antibiotique *(antibiotic)* : Substance, sécrétée par des organismes vivants (champignons ou bactéries) ou synthétisée, qui a pour effet de détruire ou d'inhiber des micro-organismes et qui est utilisée dans le traitement de certaines maladies infectieuses.

Antibiotique à large spectre *(broad-spectrum antibiotic)* : Antibiotique qui est efficace contre une grande diversité de bactéries.

Anti-coagulant *(anti-coagulant)* : Substance qui empêche la coagulation, par exemple celle des prélèvements sanguins.

Anticorps *(antibody)* : Protéine spécifique protectrice du sérum (immunoglobuline) produite par le système immunitaire en réponse à la présence d'un antigène donné, capable de s'unir spécifiquement à celui-ci et, dans les cas les plus favorables, de le neutraliser.

Antigène *(antigen)* : Tout organisme, substance chimique ou toxine, étranger à l'organisme qui induit une réponse immunitaire telle la production d'anticorps.

Antiseptique *(antiseptic)* : Substance chimique qui détruit ou inhibe le développement des micro-organismes et qui peut être utilisée sur l'animal pour le traitement des plaies cutanées, etc. Voir *désinfectant*.

Antisérum *(antiserum, hyper-immune serum, immune serum)* : Sérum contenant une concentration élevée d'un ou de plusieurs anticorps particuliers, obtenu par un processus d'expositions répétées (immunisation) d'un animal donneur à un antigène ; utilisé pour protéger temporairement ou traiter contre la maladie associée à cet antigène. (Syn. : immunosérum, sérum hyperimmun). Voir *immunité passive*.

Antitoxine *(antitoxin)* : Anticorps produit en réponse à la présence d'une toxine ou substance (sérum) qui contient beaucoup de ces anticorps.

Arthropodes *(Arthropods)* : Embranchement d'invertébrés possédant des membres articulés et qui comprend notamment les insectes (mouches, moustiques, poux et puces) et les acariens. Leur développement est discontinu, entrecoupé de mues ou de métamorphoses. (Syn. : Arthropoda)

Autolyse *(autolysis)* : Décomposition des tissus par libération des enzymes internes, par exemple après la mort.

Avortement *(abortion)* : Expulsion d'un fœtus mort avant le terme de la gestation. Voir *mortinatalité*.

Bacille *(bacillus)* : Bactérie en forme de bâtonnet droit.

Bactéries *(bacterium, plur. bacteria)* : Micro-organismes unicellulaires dotés d'une paroi rigide et dont l'acide nucléique n'est pas contenu au sein d'un noyau : pas de membrane nucléaire (procaryotes). La majorité des bactéries sont utiles. Mais, certaines espèces de bactéries sont pathogènes, responsables de maladies infectieuses. Voir *chlamydies, cocobacilles, coques, micro-organismes, mycoplasmes, rickettsies, spirochètes, vibrions*.

Bilirubine *(bilirubin)* : Pigment biliaire jaune-rougeâtre issu de la dégradation de l'hémoglobine du sang.

Bronches *(bronchus,* pl. *bronchi)* : Conduits prolongeant la trachée et acheminant l'air (avec oxygène) dans les poumons. Elles se divisent en bronchioles.

Bulle *(blister, bulla)* : Soulèvement localisé de l'épiderme rempli de liquide, d'une taille nettement plus grande qu'une vésicule. (Syn. : cloque, phlyctène, ampoule). Voir *vésicule*.

Canal du trayon *(teat canal)* : Petit canal court par lequel le lait accumulé dans le sinus lactifère gagne l'extrémité du trayon. (Syn. : conduit papillaire). Voir *sinus lactifère*.

Canaux galactophores *(lactiferous ducts, galactophorous ducts, mammary ducts)* : Canaux acheminant le lait produit dans la glande mammaire vers le sinus lactifère. (Syn. : canaux lactifères). Voir *sinus lactifère*.

Catarrhe *(catarrh)* : Inflammation exsudative des muqueuses (surtout de la tête et des voies respiratoires) accompagnée d'une hypersécrétion de leurs glandes — par extension : les écoulements produits par cette inflammation.

Cestodes *(cestodes)* : Vers plats rubanés comportant une tête, ou scolex, suivie de segments. Voir *ténias, vers plats*.

Chaleurs *(oestrus)* : Voir *œstrus*.

Champignons *(fungi)* : Organismes très répandus dans la nature, sans chlorophylle ni vaisseaux, se reproduisant par spores ; certaines espèces microscopiques sont infectieuses et pathogènes pour les animaux domestiques, responsables de mycoses.

Chimioprophylaxie *(chemoprophylaxis)* : Voir *prophylaxie*.

Chlamydies *(chlamydiae)* : Petites bactéries (coccobacilles) intracellulaires, ne pouvant se développer qu'à l'intérieur de cellules (parasites obligatoires). Voir *bactéries*.

Coccobacilles *(coccobacillus)* : Bactéries en sphères allongées intermédiaires entre coques et bacilles. Voir *bactéries*.

Coït *(coitus)* : Voir *accouplement*.

Colostrum *(colostrum)* : Premier lait sécrété par la mère après la mise bas, riche en anticorps et dont l'ingestion est fondamentale pour le nouveau-né. Voir *immunité passive*.

Congestion *(congestion)* : Accumulation de sang dans les tissus qui prennent, de ce fait, une couleur rouge.

Conjonctive *(conjunctiva)* : Muqueuse tapissant le globe oculaire et l'intérieur de la paupière.

Conjonctivite *(conjunctivitis)* : Inflammation de la conjonctive.

Coproscopie *(coprologic examination)* : Examen microscopique des fèces pour diagnostiquer une infestation parasitaire.

Coproculture *(coproculture)* : Culture des microbes ou des larves de parasites des matières fécales.

Coques *(coccus)* : Bactérie de forme arrondie (en sphère ou en forme d'œuf). Voir *bactéries*.

Cotylédons *(cotyledons)* : Eléments surélevés du placenta et de l'utérus adhérant les uns aux autres pendant la gestation. Ils assurent les échanges nutritifs entre la mère et son fœtus.

Culture de cellules *(cell culture)* : Multiplication de cellules sur un milieu artificiel en laboratoire.

Cyanose *(cyanosis)* : Coloration en bleu de la peau et des muqueuses due à une oxygénation insuffisante du sang ou à une irrigation sanguine déficiente.

Cycle œstrien *(oestrus cycle)* : Intervalle, chez une femelle sexuellement adulte, entre le début d'un œstrus et le début de l'œstrus suivant, en l'absence de fécondation. (Syn. cycle œstral)

Dermite *(dermatitis)* : Inflammation de la peau. (Syn. : dermatite)

Désinfectant *(disinfectant)* : Substance chimique puissante qui inhibe ou détruit les micro-organismes ; il est employé pour nettoyer des objets ou des locaux. Voir *antiseptique*.

Diapause *(diapausis)* : Arrêt provisoire du développement ou de la reproduction chez certains invertébrés. Voir *hypobiose*.

Douves *(flukes)* : Vers plats en forme de feuille pourvus de ventouses (classés dans les trématodes). Voir *trématodes*.

Douvicide *(flukicide, trematocide)* : Médicament utilisé pour tuer les douves. Un fasciolicide agit contre la grande douve du foie. Voir *anthelminthique*. (Syn. : trématocide)

Durée de la gestation *(gestation period)* : Temps qui s'écoule entre la fécondation, ou conception, et la mise bas.

Durée d'incubation *(incubation period)* : Temps qui s'écoule entre le moment de la contamination (pénétration de l'agent pathogène dans l'organisme) et la première apparition des signes cliniques. (Syn. : période d'incubation)

Dysenterie *(dysentery)* : Entérite, surtout du côlon, avec production douloureuse (colique) d'excréments liquides (diarrhée grave) pouvant contenir du sang.

Dyspnée *(dyspnoea)* : Respiration difficile, laborieuse et oppressée.

Ecchymoses *(ecchymoses)* : Infiltrations de sang localisées qui apparaissent au niveau de la peau ou des muqueuses.

Ecouvillon *(swab)* : Tampon de coton monté sur une tige, petite brosse ou autre instrument qui est utilisé pour nettoyer ou racler des cavités naturelles (oreilles, narines, bouche, vagin, etc.) ou pour y faire des prélèvements.

Eczéma *(eczema)* : Inflammation suintante de la peau. L'eczéma aigu, avec vésicules et suintement, est prurigineux.

Encéphale *(encephalon)* : Partie du système nerveux central contenue dans le crâne et qui comprend le cerveau, le cervelet et le bulbe rachidien. Voir *système nerveux central*.

Encéphalite *(encephalitis)* : Inflammation de l'encéphale.

Encéphalomyélite *(encephalomyelitis)* : Inflammation de l'encéphale et de la moelle épinière.

Endémique *(endemic)* : Présent de manière permanente dans une population.

Entérite *(enteritis)* : Inflammation de la muqueuse intestinale.

Entérotoxémie *(enterotoxaemia, enterotoxemia)* : Maladie infectieuse du tube digestif au cours de laquelle des toxines produites au niveau des intestins sont présentes dans le sang.

Entomologie *(entomology)* : Partie de la zoologie qui traite des insectes et, par extension, des arthropodes.

Epidémiologie *(epidemiology)* : Etude de la fréquence, de la distribution et de l'évolution des maladies et des divers facteurs susceptibles de les influencer.

Epidémique *(epidemic)* : Se dit d'une maladie contagieuse se développant subitement et se propageant rapidement dans une zone ou au sein d'une population antérieurement indemne.

Erosion *(erosion)* : Lésion très superficielle d'un tissu (peau, muqueuse, etc.) avec perte de substance. (Syn. : excoriation, exulcération)

Eructation *(eructation)* : Emission par la bouche ou le nez de gaz produits dans l'estomac (la panse pour les ruminants).

Erythrocytes *(erythrocytes)* : Globules rouges du sang, saturés d'hémoglobine, responsables du transport de l'oxygène vers les tissus. (Syn. : hématies)

Excrétion *(excretion)* : Evacuation de produits du métabolisme ou de déchets (excréments, urines, etc.).

Exsudation *(exudation)* : Suintement d'un liquide organique (sérum accompagné de cellules) à la surface de tissus ou à l'intérieur de ceux-ci, habituellement à la suite d'une infection.

Facteur prédisposant *(predisposing factor)* **ou facteur de risque** : Facteur qui accroît la probabilité de contracter une maladie. (Syn. : facteur de prédisposition)

Filaire *(filaria, filarial worm)* : Petits vers nématodes très fins et allongés. Voir *vers ronds*.

Ganglion lymphatique *(lymph node, lymph gland)* : Petits organes situés sur un réseau de vaisseaux lymphatiques (le système lymphatique). Une de leurs principales fonctions est de produire des globules blancs eux-mêmes à l'origine d'anticorps. Ils se rencontrent partout dans l'organisme. Ceux situés juste au-dessous de la peau (les ganglions lymphatiques superficiels) deviennent visibles lorsqu'ils augmentent de volume.

Gangrène *(gangrene)* : Nécrose (mort) des tissus, due à un manque d'irrigation sanguine (ischémie) ou associée à une infection bactérienne par des germes anaérobies.

Gastro-entérite *(gastro-enteritis)* : Inflammation de l'estomac et des intestins.

Gestation *(gestation, pregnancy)* : 1. Période pendant laquelle une femelle porte son petit, depuis la conception jusqu'à la mise bas. 2. Etat de la femelle pendant cette période. (Syn. : gravidité)

Glossines *(glossina, tsetse flies)* : Petites mouches brun noirâtre de certaines parties de l'Afrique. Ce sont des vecteurs de trypanosomoses animales et humaines. (Syn. : mouches tsé-tsé)

Goitre *(goitre)* : Augmentation anormale du volume de la glande thyroïde (située à la face ventrale du cou).

Granulocytes neutrophiles *(neutrophil)* : Type de leucocytes polynucléaires dont les granules du cytoplasme ne prennent pas de couleur particulière (à l'opposé des granulocytes éosinophiles et basophiles, dont les granules se colorent par l'éosine ou en violet foncé, respectivement au May Grunwald et Giemsa). Ils sont capables de phagocytose.

Helminthes *(helminths)* : Vers généralement parasites. Voir *vers ronds, vers plats*.

Hématophage *(blood-sucking, haematophagous)* : Se nourrissant du sang d'autres animaux.

Hématurie *(haematuria, redwater)* : Emission d'urines de coloration rouge ou rosée, contenant du sang. Voir *hémoglobinurie*.

Hémoglobine *(haemoglobin)* : Protéine pigmentée en rouge contenue dans les érythrocytes et dotée de la faculté de fixer l'oxygène. Voir *érythrocytes*.

Hémoglobinurie *(haemoglobinuria, redwater)* : Présence, dans les urines, d'hémoglobine libérée dans le sang par la destruction d'érythrocytes. L'urine se colore alors en rouge sombre ou en brun (couleur du marc de café). Voir *hématurie, hémolyse*.

Hémolyse *(haemolysis)* : Destruction d'érythrocytes avec libération de l'hémoglobine.

Hémorragie *(haemorrhage)* : Fuite de sang provenant de vaisseaux sanguins lésés. Voir *pétéchies*.

Homéostasie *(homeostasis)* : Stabilisation, par des processus physiologiques, des différentes constantes physiologiques de l'organisme à un niveau assurant une santé optimale.

Hypobiose *(hypobiosis)* : Vie ralentie passagère de certaines larves de parasites. Voir *diapause*.

Hypocalcémie *(hypocalcaemia)* : Concentration anormalement basse de calcium dans le sang.

Hypothermie *(hypothermia)* : Température corporelle anormalement basse. (contraire : hyperthermie)

Ictère *(jaundice, icterus)* : Coloration jaune des tissus due à une production excessive ou à une rétention de bilirubine ou de sels biliaires. (Syn. : jaunisse)

Immunité acquise *(acquired immunity)* : Immunité à une maladie qu'un animal acquiert après avoir été atteint par cette maladie et s'en être remis, ou après avoir été vacciné contre elle. Opposé à immunité naturelle (immunité congénitale).

Immunité active *(active immunity)* : Voir *immunité acquise*.

Immunité à médiation cellulaire *(cell-mediated immunity)* : Composante de l'immunité qui repose sur l'action des lymphocytes T, ainsi que d'autres cellules stimulées par ces derniers (cellules immuno-compétentes).

Immunité à médiation humorale *(humoral immunity)* **:** Composante de l'immunité reposant sur la transformation de lymphocytes B en plasmocytes producteurs d'anticorps (immunoglobulines).

Immunité passive *(passive immunity)* **:** Immunité immédiate et passagère due à un transfert d'anticorps, soit par inoculation d'un antisérum, soit, chez le nouveau-né, par ingestion du colostrum produit par la mère (qui peut également contenir des lymphocytes T activés). Voir *antisérum, colostrum.* (Syn. : immunisation passive)

Immunogène *(immunogen)* **:** Substance induisant une réponse immunitaire de l'organisme.

Immunoglobulines *(immunoglobulins)* **:** Voir *anticorps.*

Infusion intramammaire *(intra-mammary infusion)* **:** Inoculation d'une substance médicamenteuse dans la glande mammaire par le canal du trayon.

Injection *(injection)* **:** Inoculation de médicaments dans les muscles (intramusculaire), dans les veines (intraveineuse) ou sous la peau (souscutanée), etc., généralement à l'aide d'une seringue et d'une aiguille.

Injection intramusculaire *(intramuscular injection)* **:** Inoculation d'une substance médicamenteuse dans un muscle à l'aide d'une seringue. La diffusion de la substance est plus rapide que par injection sous-cutanée.

Injection intraveineuse *(intraveinous injection)* **:** Inoculation d'une substance médicamenteuse dans une veine. L'action est très rapide.

Insecticide *(insecticide)* **:** Substance destinée à détruire les insectes, utilisée en application sur des animaux hôtes ou dans l'environnement.

Ixodicide *(ixodicide)* **:** Acaricide utilisé plus particulièrement contre les tiques. Voir *acaricide.* (Syn : tiquicide)

Jetage *(gleet, nasal discharge, snuffles)* **:** Ecoulement anormal de sécrétions de l'appareil respiratoire par les narines.

Larve *(larva)* **:** Stade du développement de certaines espèces (notamment les helminthes et arthropodes) entre l'éclosion et l'accession à la maturité ou le stade de nymphe. Une espèce peut connaître plusieurs stades larvaires séparés par des mues. Voir *nymphe.*

Lentes *(nits)* **:** Œufs de poux. Ils sont fixés aux poils de l'hôte.

Lésion *(lesion)* **:** Toute altération destructive d'un tissu vivant.

Létalité *(case mortality rate)* **:** Risque de mortalité par une maladie. Le taux de létalité est la proportion des animaux atteints par une maladie qui finissent par y succomber. Voir *mortalité.*

Leucocytes *(leucocytes)* **:** Globules blancs du sang. Voir *granulocytes neutrophiles, lymphocytes, macrophages, monocytes, plasmocytes.*

Lymphadénite *(lymphadenitis)* **:** Inflammation des ganglions et des vaisseaux lymphatiques.

Lymphe *(lymph)* **:** Liquide clair ou lactescent issu du sang circulant dans le système lymphatique. Il apporte des nutriments aux cellules, élimine des déchets et participe à la défense de l'organisme.

Lymphocytes *(lymphocytes)* **:** Types de leucocytes circulant dans le sang et dans le système lymphatique. Voir *immunité à médiation cellulaire, immunité à médiation humorale.*

Macrophages *(macrophage)* : Type de leucocytes dérivés des monocytes et spécialisés dans la phagocytose de déchets cellulaires et de micro-organismes. Voir *leucocytes, monocytes, phagocytose.*

Maladie aiguë *(acute disease)* : Maladie dont l'évolution est rapide (quelques jours).

Maladie chronique *(chronic disease)* : Maladie dont l'évolution est lente et s'étend sur au moins plusieurs semaines, parfois plusieurs mois, voire plusieurs années.

Maladie congénitale *(congenital infection)* : Maladie existant dès la naissance, héréditaire ou non. Voir *maladie héréditaire.*

Maladie contagieuse *(contagious disease)* : Maladie se transmettant d'un animal à un autre par contact direct ou indirect.

Maladie génétique *(genetic disease)* : Voir *maladie héréditaire.*

Maladie héréditaire *(inherited disease, genetic disease)* : Maladie congénitale directement liée au patrimoine génétique de l'animal atteint, « hérité » de ses parents. (Syn. : maladie génétique). Voir *maladie congénitale.*

Maladie infectieuse *(infectious disease)* : Maladie due au développement d'un agent pathogène et susceptible d'être inoculée.

Maladie subaiguë *(subacute disease)* : Maladie dont l'évolution, plus lente que celle d'une maladie aiguë, se déroule en environ une semaine.

Maladie suraiguë *(peracute disease)* : Maladie dont l'évolution, extrêmement rapide, ne s'étend que sur un ou deux jours.

Maladie vénérienne *(venereal infection, venereal disease, sexually transmitted disease)* : Maladie contagieuse qui se transmet au cours de l'accouplement. (Syn. : maladie sexuellement transmissible, MST)

Malformation congénitale *(congenital abnormality, birth defect)* : Anomalie présente à la naissance, héréditaire ou due à un trouble du développement pendant la vie intra-utérine (avant la naissance).

Mammite *(mastitis)* : Inflammation de la glande mammaire. (Syn. : mastite)

Médicament chimiothérapeutique *(chemotherapeutic)* : Substance chimique qui détruit ou inhibe les micro-organismes.

Médicament prophylactique *(prophylactic drug)* : Médicament à effet prolongé utilisé pour prévenir l'apparition d'une maladie.

Mesures sanitaires *(sanitary measures, sanitary procedures)* : Mesures visant à limiter la propagation de maladies infectieuses, comprenant par exemple la quarantaine, la mise à l'écart des individus malades, l'interdiction des foires et des marchés, et la désinfection des locaux et des matériaux ayant été en contact avec des animaux malades.

Métrite *(metritis)* : Inflammation de l'utérus. Elle apparaît après une mise bas ou un avortement.

Microfilaire *(microfilaria)* : Larve de filaire (vers), de très petite taille, présente dans le sang ou la lymphe.

Micro-organismes *(micro-organisms)* : Organismes vivants unicellulaires de très petite taille qui ne peuvent être vus qu'à l'aide d'un microscope. (Syn. : microbes). Voir *bactéries, virus, protozoaires.*

Micro-organismes intracellulaires *(intracellular micro-organisms)* : Micro-organismes qui s'introduisent et se développent à l'intérieur des cellules de l'hôte infecté (par exemple : les virus, les chlamydies, les rickettsies et certains protozoaires).

Minéraux majeurs *(macro-minerals)* **:** Minéraux essentiels à l'alimentation des animaux, nécessaires en quantités relativement importantes (par opposition aux oligo-éléments). Ce sont le calcium et le phosphore surtout, puis le sodium, le chlore, le potassium, le magnésium, le soufre et le fer. Voir *oligo-éléments*.

Mise au repos du pâturage *(pasture spelling, deferred grazing)* **:** Retrait des animaux d'une zone de pâturage contaminée (par exemple par des tiques, une maladie, etc.) pendant un laps de temps suffisant pour que la contamination s'estompe et disparaisse d'elle-même par manque d'hôtes. (Syn. : mise en défens temporaire)

Molluscicide *(molluscicide)* **:** Substance destinée à détruire les mollusques (escargots et limaces).

Monocytes *(monocyte)* **:** Globules blancs de grande taille et à gros noyau. Ils sont transformés en macrophages dans les tissus. Voir *leucocytes, macrophages*.

Morbidité *(morbidity)* **:** Etat de maladie.

Mortalité *(mortality)* **:** Le taux de mortalité est la proportion des individus (d'une classe d'âge donnée par exemple) qui succombent d'une maladie au sein d'une population pendant un temps donné. Voir *létalité*.

Mortalité embryonnaire *(embryonic mortality)* **:** Elimination d'un embryon mort, passant souvent inaperçue. (Syn. mort embryonnaire)

Mortinatalité *(stillbirth)* **:** Naissance d'un fœtus entièrement formé (gestation à terme) mais mort-né. Voir *avortement*. (Syn. : mortinaissance)

Mucus *(mucus)* **:** Liquide incolore visqueux sécrété par les muqueuses.

Muqueuse *(mucous membrane)* **:** Membrane de revêtement (épithélium) tapissant l'intérieur de certains organes creux/tubulaires et sécrétant du mucus.

Muqueuses visibles *(visible mucous membranes)* **:** Plages de muqueuses qui peuvent être observées directement de l'extérieur, telles que la conjonctive, les gencives et la vulve.

Mycoplasmes *(mycoplasmae)* **:** Petites bactéries polymorphes dépourvues de paroi cellulaire rigide. Voir *bactéries*.

Mycotoxicose *(mycotoxicosis)* **:** Intoxication due à des toxines (mycotoxines) produites par des champignons (moisissures).

Myéline *(myelin)* **:** Enveloppe lipidique et protéique protectrice des cellules nerveuses, surtout dans le système nerveux central. Elle constitue la gaine de Schwann qui entoure l'axone des neurones.

Myiase *(myiasis)* **:** Invasion des tissus morts ou vivants d'un animal vivant par des larves de mouches ou asticots. (Syn. myase)

Myose *(miosis)* **:** Resserrement de la pupille de l'œil. Opposé à mydriase.

Myosite *(myositis)* **:** Inflammation des muscles.

Nécrose *(necrosis)* **:** Mort d'une cellule ou d'un tissu biologique. (Syn. mortification)

Nécrotique *(necrotic)* **:** Se rapportant à une nécrose.

Nématodes *(nematodes)* **:** Voir *vers ronds*.

Nodule *(nodule)* **:** Masse globuleuse de tissu vivant.

Note d'état corporel, NEC *(condition scoring)* **:** Technique de notation permettant d'évaluer l'état d'embonpoint général d'un animal.

Nymphe *(nymph)* : Stade du développement de certains insectes et acariens compris entre les stades larvaires et le stade adulte. Des métamorphoses se produisent entre les stades larval et nymphal et entre les stades nymphal et d'adulte. Voir *larve*.

Œdème *(oedema)* : Accumulation anormale de liquide dans les tissus.

Œsophage *(oesophagus)* : Segment du tube digestif reliant la bouche à l'estomac (ou à la panse chez les ruminants). Il traverse donc le thorax. C'est un conduit très dilatable.

Œstrus *(oestrus)* : Période durant laquelle la femelle sexuellement mature attire et accepte l'accouplement par le mâle (« chaleurs » vraies).

Oligo-éléments *(trace-element)* : Eléments chimiques minéraux indispensables, à des concentrations très faibles, au bon fonctionnement du métabolisme des êtres vivants. (Syn. éléments-trace, micro-éléments)

Oocystes *(oocysts)* : Œufs enkystés tels les œufs des coccidies (protozoaires parasites internes). (Syn. ookystes)

Orchite *(orchitis)* : Inflammation des testicules.

Oribatidés *(oribatid mites)* : Acariens de petite taille (0,5 mm) libres, vivant de manière indépendante dans les pâturages et dans la terre et qui constituent les hôtes intermédiaires de certains cestodes. (Syn. : oribatides, oribates)

Papule *(papule)* : Petite lésion surélevée de la peau. (Syn. bouton). Voir *nodule*.

Parasitémie *(parasitaemia)* : Présence de parasites dans le sang.

Parturition *(parturition)* : Expulsion du fœtus au terme de la gestation. Il devient un nouveau-né. (Syn. : mise bas, part, partum, et, selon les cas, accouchement, agnelage, vêlage, poulinage, etc.)

Pathogène *(pathogen)* : Qui est capable de causer une maladie. La plupart des micro-organismes ne sont pas pathogènes.

Pédiculose *(pediculosis)* : Infestation par des poux. (Syn. : phtiriase, maladie pédiculaire)

Péritonite *(peritonitis)* : Inflammation du péritoine, membrane qui enveloppe l'intérieur de la cavité abdominale.

Pétéchies *(petechiae)* : Petites hémorragies punctiformes (apparaissant sous la forme de petits points) sur la peau, les muqueuses ou à la surface des organes. Voir *hémorragie*.

Phagocytose *(phagocytosis)* : Processus de défense par lequel des micro-organismes étrangers ou des particules sont capturés et absorbés par certaines cellules (phagocytes), telles que les macrophages.

Photophobie *(photophobia)* : Crainte de la lumière.

Phtiriase *(pediculosis)* : Voir *pédiculose*.

Pica *(pica)* : Perversion de l'appétit caractérisée par une tendance à ingérer des substances impropres à l'alimentation (terre, os, etc.). (Syn. maladie du lécher, lichomanie)

Placenta *(placenta)* : Organe charnu bien vascularisé, rattaché aux membranes fœtales et qui, dans l'utérus, assure les échanges nutritifs entre le fœtus et l'organisme maternel. Voir *annexes embryonnaires, cotylédons.*

Placentite *(placentitis)* : Inflammation du placenta.

Plasma sanguin *(blood plasma)* : Partie liquide du sang dans l'organisme. Voir *sérum*.

Plasmocytes *(plasma cells)* : Globules blancs du tissu lymphoïde, cellules spécialisées dans la production d'anticorps, formées à partir de lymphocytes B. Voir *leucocytes*. (Syn. cellules plasmatiques)

Pleurésie *(pleuritis, pleurisy)* : Inflammation de la plèvre, membrane enveloppant les poumons dans la cavité thoracique. (Syn. pleurite)

Pneumonie *(pneumonia)* : Inflammation des poumons.

« *Pour-on* » *(terme anglais)* : Préparation insecticide, acaricide ou anthelminthique destinée à être déversée en petites quantités sur le dos des animaux.

Poux *(lice)* : Petits insectes parasites sans ailes au corps aplati dans le sens vertical (Syn. phtiraptères). Voir *lente, pédiculose*.

Prémunition *(premunition)* : Etat d'équilibre immunologique dans lequel la présence de micro-organismes confère un certain degré d'immunité contre les surinfections par des micro-organismes de la même espèce. (Syn. : immunité concomitante, immunité de tolérance, immunité de surinfection)

Prévalence *(prevalence)* : Nombre total de cas ou de foyers d'une maladie à un moment donné ou pendant une période donnée.

Prolapsus *(prolapse)* : Déplacement vers le bas d'un organe ou d'une structure. (Syn. : descente d'organe)

Prophylaxie *(prophylaxis)* : Prévention des maladies ; on appelle chimio-prévention ou chimioprophylaxie (*chemoprophylaxis*) l'emploi de substances médicamenteuses à des fins préventives.

Protozoaires *(protozoa)* : Micro-organismes unicellulaires, ayant leur acide nucléique contenu dans un noyau, comme chez les animaux et les plantes (eukaryotes). La plupart vivent de manière indépendante et ne sont pas pathogènes, mais quelques espèces sont parasites et responsables de maladies.

Prurit *(itch, itching, itchiness, pruritus, prurience)* : Démangeaison qui oblige l'animal à se gratter, se frotter, etc.

Puces *(fleas)* : Petits insectes aptères au corps comprimé latéralement, parasites externes et sauteurs.

Pupe *(pupa)* : Stade nymphal, protégé par une enveloppe résistante, du développement de certains insectes, et notamment des diptères (mouches, moustiques). Voir *nymphe*.

Purulent *(purulent)* : Contenant du pus. (Syn. : suppuré)

Pus *(pus)* : Liquide plus ou moins crémeux contenant des micro-organismes et des cadavres de leucocytes, produit en réaction à une infection.

Rechute *(relapse)* : Réapparition des signes cliniques d'une maladie après une amélioration passagère (Syn. récurrence). La récidive est la réapparition après guérison.

Rhinite *(rhinitis)* : Inflammation de la muqueuse nasale. (Syn. coryza)

Rickettsies *(rickettsiae)* : Bactéries intracellulaires de petite taille transmises par des arthropodes. Voir *bactéries*.

Rumination *(rumination)* : Mode de digestion particulier aux ruminants au cours duquel les aliments sont emmagasinés dans la panse avant d'être régurgités, mâchés et avalés à nouveau vers le feuillet, la caillette puis les intestins. Ce mécanisme permet de digérer la cellulose.

Rythme respiratoire *(respiration rate)* **:** Nombre d'inspirations ou d'expirations par minute.

Scolex *(scolex)* **:** Partie de l'organisme d'un cestode (ténia) correspondant à la tête. Le cestode est fixé à son hôte par le scolex.

Sécrétion *(secretion)* **:** Production d'une substance (lait, salive, etc.) par un tissu ou un organe (notamment des glandes).

Septicémie *(septicaemia)* **:** Présence de micro-organismes pathogènes dans la circulation sanguine. Voir *toxémie*.

Séquestre *(sequestrum, pl. sequestrae)* **:** 1. Portion bien délimitée d'un tissu ou d'un organe frappé de nécrose au milieu de tissus sains. 2. Lésion pulmonaire fermée qui peut se réouvrir. Exemple : dans la péripneumonie contagieuse bovine.

Sérum *(serum)* **:** Partie liquide du sang, transparente et dépourvue de cellules, qui surnage après la coagulation. Voir *plasma sanguin*.

Sérum hyperimmun *(hyper-immune serum)* **:** Voir *antisérum*.

Signe clinique *(clinical sign, clinical symptom)* **:** Altération détectable de la structure ou de la fonction d'un organe sous l'effet d'une maladie. On distingue :

– les signes fonctionnels, symptômes subjectifs ou *symptômes* vus par le malade ou par les sens des observateurs tel l'éleveur (diarrhée, pâleur des muqueuses, etc.) ;

– les signes cliniques ou symptômes objectifs, qui sont observés par le médecin ou le vétérinaire ;

– les signes généraux tels la fièvre et la maigreur. Voir *symptôme*.

Sinus lactifère *(lactiferous sinus, teat citern)* **:** Réservoir de lait situé dans la mamelle qui reçoit les canaux galactophores et se vide par le canal du trayon. Voir *canal du trayon, canaux galactophores*.

Sous-cutané *(subcutaneous)* **:** Qui se fait ou se trouve sous la peau. Voir *injection*.

Spirochètes *(spirochaetes)* **:** Bactéries vraies de forme spiralée ou hélicoïdale, très mobiles. Voir *bactéries*.

Strongles *(strongyle nematodes)* **:** Taxon de vers ronds (nématodes) parasites. Il existe des strongles digestifs *(gastrointestinal strongyles)* et des strongles respiratoires *(lungworms)*. Voir *ankylostomes, vers ronds*.

Subclinique *(subclinical)* **:** Affection qui se manifeste par des signes cliniques si faibles qu'elle passe inaperçue. (Syn. : infraclinique)

Suppuré *(suppurative, purulent)* **:** Produisant du pus. (Syn. : purulent)

Surinfection : 1. Infection qui survient en sus d'une maladie différente déjà contractée par ailleurs (par exemple une maladie virale) et qui constitue une source de complication *(secondary infection, superinfection)*. 2. Nouvelle infection d'un hôte par un parasite d'une espèce déjà présente chez cet hôte *(superinfection)*.

Sylvatique *(sylvatic)* **:** Se dit d'une maladie transmise par des animaux sauvages. Exemples : la fièvre jaune sylvatique, la rage sylvatique.

Symptôme *(symptom)* **:** Manifestation spontanée et visible par le malade ou par un observateur d'une maladie. Voir *signe clinique*.

Système immunitaire *(immunity, immune system)* : Ensemble des mécanismes cellulaires et humoraux qu'utilise l'organisme pour reconnaître et combattre les éléments qui lui sont étrangers. Voir *immunité*.

Système lymphatique *(lymphatic system)* : Réseau constitué de vaisseaux lymphatiques et d'amas de cellules lymphoïdes appelés ganglions lymphatiques dans lequel circule la lymphe. Voir *lymphe*.

Système lymphoïde *(lymphoid system, immune system)* : Ensemble de cellules et d'organes riches en lymphocytes (rate, ganglions lymphatiques, amygdales, thymus et autres éléments lymphoïdes) dont dépend la réponse immunitaire (et qui notamment produisent les anticorps).

Système nerveux central *(central nervous system)* : L'encéphale et la moelle épinière. Voir *encéphale*.

Système nerveux neuro-végétatif *(autonomic nervous system)* : La composante du système nerveux qui régit les fonctions involontaires. (Syn. : système nerveux autonome)

Système nerveux sensoriel *(sensory nervous system)* : Composante du système nerveux central qui régit les muscles contrôlés par l'animal, tels que ceux de la marche ou de l'orientation des yeux.

Taux de morbidité *(morbidity rate)* : Proportion des individus atteints d'une maladie au sein d'une population.

Taux de mortalité *(population mortality rate)* : Proportion des individus exposés (par exemple une classe d'âge) qui succombent d'une maladie au sein d'une population au cours d'une période donnée.

Temps d'attente *(waiting time, withdrawal period)* : Temps au bout duquel on peut commercialiser le lait ou la viande d'un animal qui a été traité avec un médicament tel un antibiotique (Syn. délai d'attente)

Ténias *(tapeworms)* : Vers plats rubanés (cestodes) parasites internes de l'intestin grêle. Les ténias de l'homme sont souvent appelés « vers solitaires ». Voir *cestodes, scolex, vers plats*. (Syn. : taenias)

Thrombose *(thrombosis)* : Formation d'un caillot (thrombus) dans la circulation sanguine susceptible de créer une embolie, c'est-à-dire d'obturer un vaisseau.

Tiques *(ticks)* : Acariens parasites externes qui sucent le sang des animaux. Voir *acariens*. (Syn. : Ixodida ou Ixodoidae)

Tiques dures *(hard ticks)* : Tiques protégées par une carapace dure. (Syn. : ixodidés ou Ixodidae)

Tiques molles *(soft ticks)* : Tiques dépourvues de carapace dure. (Syn. : argasidés ou Argasidae)

Topique *(topical)* : Se dit d'un médicament ou d'un traitement externe à action locale, appliqué uniquement sur la partie à traiter. Exemples : cataplasme, collyre, lotion.

Toxémie *(toxaemia)* : Présence de toxines dans la circulation sanguine. Voir *septicémie*.

Toxine *(toxin)* : Substance toxique produite par des organismes vivants.

Toxique *(toxic)* : nocif pour l'organisme. Voir *toxine*.

Toxoïde *(toxoid)* : voir *anatoxine*.

Trachée *(trachea)* : Conduit principal unique des voies respiratoires amenant l'air aux bronches. (Syn. : trachée-artère)

Transmission cyclique *(cyclical transmission)* **:** Mode de transmission de maladies infectieuses faisant appel à un vecteur (maladies vectorielles) à l'intérieur duquel l'agent pathogène accomplit une partie de son cycle de développement. (Syn. : transmission vectorielle)

Transmission mécanique *(mechanical transmission)* **:** Mode de transmission simple et direct de maladies infectieuses dans lequel l'agent pathogène est simplement transporté par un vecteur sans qu'il y accomplisse une partie de son développement.

Transmission verticale *(vertical transmission)* **:** Transmission d'une maladie d'une génération à la suivante, par exemple d'une femelle à sa progéniture pendant la gestation.

Trématodes *(trematodes)* **:** Groupe de vers plats en forme de feuille ou de lance et pourvus de ventouse(s) dont font partie les douves. Voir *vers plats.*

Trypanocide *(trypanocide)* **:** Substance détruisant les trypanosomes utilisée pour traiter les animaux atteints de trypanosomose.

Ulcère *(ulcer, running sore)* **:** Erosion profonde et localisée de la peau, de la surface d'un organe ou d'une muqueuse.

Vaccin *(vaccine)* **:** Préparation d'antigènes conçue pour être administrée afin de susciter une immunité sans entraîner l'apparition d'une maladie. Voir *immunité acquise.*

Vaccin atténué *(attenuated vaccine)* **:** Vaccin vivant dont la virulence a été affaiblie par exemple par une dilution ou un enrobage.

Vaccin inactivé *(inactivated vaccine)* **:** Vaccin élaboré à partir d'un micro-organisme qui a été tué (par la chaleur, le formol, etc.) mais qui peut néanmoins provoquer une réponse immunologique en stimulant la production d'anticorps protecteurs et/ou l'immunité cellulaire lorsqu'il est inoculé chez un animal.

Vaccin modifié *(modified vaccine)* **:** Vaccin vivant dont la virulence du virus est modifiée par exemple par passage successifs dans plusieurs cultures de cellules.

Vaccin vivant *(live vaccine)* **:** Vaccin élaboré à partir d'un micro-organisme vivant. La virulence en est le plus souvent atténuée *(vaccin atténué)* ou modifiée *(vaccin modifié)*, sinon il peut être nécessaire de traiter la réaction (méthode d'infection et de traitement).

Vaisseau lymphatique *(lymph vessel)* **:** voir *système lymphatique, lymphe.*

Valve anti-retour *(flutter valve)* **:** Valve permettant l'écoulement régulier sans retour de volumes importants de solution par gravité dans le cadre d'une transfusion intraveineuse.

Vecteur *(vector)* **:** Tout organisme, actif ou passif, susceptible de transmettre un micro-organisme infectieux d'un animal à un autre (tel que les tiques ou les taons).

Vecteur passif inanimé *(fomite)* **:** Objet susceptible de transmettre des agents pathogènes (litière, outils, instruments, véhicules, végétaux épineux, etc.).

Veines mésentériques *(mesenteric veins)* **:** Veines drainant les intestins.

Vers plats *(platyhelminthes, flatworms)* **:** Helminthes de forme aplatie, regroupés sous le nom scientifique de plathelminthes, comprenant les cestodes (ténias, etc.), les trématodes (douves proprement dites), les monogènes (douves des poissons) et les turbellariés (planaires).

Vers ronds *(roundworms)* **:** Helminthes de forme cylindrique, non segmentés (regroupés sous le terme scientifique de nématodes). Voir *filaires*.

Vésicule *(vesicle)* **:** Petite lésion remplie de liquide faisant saillie au-dessus de l'épiderme, similaire à une bulle mais de taille moindre (Syn. : phlyctène). Voir *bulle*.

Vibrions *(vibrios)* **:** Bactéries de forme incurvée, avec un flagelle.

Virus *(viruses)* **:** Les plus petits micro-organismes, non visibles au microscope optique ; capables de se multiplier uniquement à l'intérieur de cellules ; beaucoup d'espèces sont infectieuses et provoquent des maladies. Voir *micro-organismes*.

Viscères *(viscera)* **:** Organes internes, contenus dans les cavités du corps.

Zoonose *(zoonotic disease)* **:** Maladie ou infection se transmettant naturellement des animaux vertébrés, domestiques ou sauvages, à l'homme.

Bibliographie

Acha P.N., Szyfres B., 2005. *Zoonoses et maladies transmissibles communes à l'homme et aux animaux.* Paris, OIE. 3ᵉ éd., 1 vol., XV-382 p.

Brugère-Picoux J., 2004. *Maladies des moutons.* Paris, Editions France Agricole, CEP Communication, 2ᵉ éd., 1 vol., 288 p.

Brunhes J., Cuisance D., Geoffroy B., Hervy J.-P., 1998. *Les glossines ou mouches tsé-tsé. Logiciel d'identification et d'enseignement.* Paris, Orstom, Cirad, version 2 (cédérom).

Chartier C., Itard J., Troncy P.M., Morel P.C., 2000. *Précis de parasitologie vétérinaire tropicale.* Paris, Editions médicales internationales (coll. Universités francophones), 1 vol., 773 p.

Cirad, Gret, Ministère des Affaires étrangères, 2002. *Mémento de l'Agronome.* Paris, Cirad, Gret, Ministère des Affaires étrangères, 1 vol. (+ 2 cédéroms), 1 692 p.

De la Rocque S., Michel J.F., Cuisance D., De Wispelaere G., Solano P., Augusseau X., Arnaud M., Guillobez S., 2001. *Le risque trypanosomien. Une approche globale pour une décision locale.* Montpellier, Cirad-emvt, 1 vol., 152 p.

Euzéby J., Bourdoiseau G., Chauve C.-M., 2005. *Dictionnaire de parasitologie médicale et vétérinaire.* Tec et Doc Lavoisier, 1 vol., 492 p.

FAO, 1989. *Les tiques et la lutte contre les maladies qu'elles transmettent. Manuel pratique.* Rome, FAO (OAA), 2 vol., 665 p.

Faye B., Lefèvre P.C., Lancelot R., Quirin R., 1994. *Ecopathologie animale. Méthodologie, applications en milieu tropical.* Paris, Inra, Maisons-Alfort, Cirad-emvt, 1 vol., 119 p.

Faye B., Meyer C., Marti A., 1999. *Le dromadaire. Références bibliographiques, guide de l'élevage et médicaments* [The dromedary. Synopsis of information on the dromedary, rearing and remedies]. Montpellier, Cirad, Sanofi Santé nutrition animale (cédérom).

Forse B., Meyer C., 2002. *Que faire sans vétérinaire.* Montpellier, Cirad, CTA, Karthala, 1 vol., 434 p. (Traduction de : Forse Bill, 1999. Where there is no vet. Londres et Oxford, MacMillan Press Ltd, 380 p.).

Gatenby R.M., 1991. Le mouton. Paris, Maisonneuve et Larose (coll. Le technicien d'agriculture tropicale n° 23), 2 vol., 243 p.

Institut de l'élevage, 2000. *Maladies des bovins.* Institut de l'élevage (France Agricole) 3ᵉ éd., 1 vol., 544 p.

Larrat R., Levif J., Pagot J., Vandenbussche J., 1988. *Manuel vétérinaire des agents techniques de l'élevage tropical.* Paris, Ministère de la Coopération, IEMVT (Manuels et précis d'élevage n° 5), La Documentation française. 2ᵉ éd., 1 vol., 533 p.

Lefèvre P.C., 1991. *Atlas des maladies infectieuses des ruminants*. Maisons-Alfort, Cirad-IEMVT, CTA, ACCT, 1 vol., 95 p.

Lefèvre P.C., Blancou J., Chermette R., 2003. *Principales maladies infectieuses et parasitaires du bétail. Europe et régions chaudes. Maladies bactériennes, mycoses, maladies parasitaires*. Paris, Lavoisier Tec et Doc, 2 vol., 1 761 p.

Meyer C., Faye B., Karembe H., Poivey J.-P., Deletang F., Hivorel P., Benkidane A., Berrada J., Mohammedi D., Gharzaouani S., 2004. *Guide de l'élevage du mouton méditerranéen et tropical.* Libourne, CEVA, 1 vol., 155 p.

Minvielle F., 1990. *Principes d'amélioration génétique des animaux domestiques.* Paris, Inra (coll. Mieux comprendre), 1 vol., 211 p.

Muirhead M.R., Alexander T.J.L., 1998. *A pocket guide to recognising and treating pig diseases.* Sheffield, 5M Enterprises, 1 vol., 314 p.

Payne W.J.A., Wilson R.T., 1999. *An introduction to animal husbandry in the tropics.* Oxford, Blackwell Scientific, 5e éd., 1 vol., 816 p.

Richard D., Krit H., Radigon P., 1996. *Ovins doc. Système multimédia sur la production et la pathologie ovine en Afrique tropicale.* Montpellier, Cirad-Gerdat, Aupelf-Uref (cédérom).

Ripert C., 1998. *Epidémiologie des maladies parasitaires : protozooses et helminthoses, réservoirs, vecteurs et transmission. 2. Helminthoses.* Paris, Tec et Doc, 2 vol., 573 p.

Sewell M.M.H., Brocklesby D.W., 1990. *Handbook on animal diseases in the tropics* [Manuel sur les maladies dans les pays tropicaux]. London, Baillière Tindall, 4e éd., 1 vol., 365 p.

Toma B., Dufour B., Sanaa M., Benet J.J., Ellis P., 1996. *Epidémiologie appliquée à la lutte collective contre les maladies animales transmissibles majeures.* Maisons-Alfort, Association pour l'étude de l'épidémiologie des maladies animales, 1 vol., 587 p.

Wernery U., Kaaden O.-R., 2002. *Infectious diseases of camelids.* Berlin, Blackwell Science, 1 vol., 404 p.

Index

trichomonose 48, 123
triméthoprime 174, 175
troubles nerveux 109, 112
trypanosomose 66, 69, 103
    du cheval 86, 96, 118
    du dromadaire 127, 163
trypanosomoses 20, 21, 48, 73, 75,
102, 133, 145
tuberculose 73, 75, 90, 91, 93, 127
tylosine 174
urticaire 78, 81, 86
utérus 186
vaccinations 165, 167
vaccins 166
    atténués 167
    inactivés 166
Vacutainer® 189
VARIOLE
    cameline 127, 140
    porcine 84

varioles 12, 68, 75, 83, 140
vecteur 12, 29
    passif 12
ver du rein du porc 32, 39, 117
VERS
    des oreilles 93, 134, 154
    des yeux 93, 127
    plats 34
    ronds 30
vibrions 45
violet de gentiane 161
violet de méthyle 161
virus 41
virus herpétique équin 125
visna 75, 115
voie orale 183
voie vaginale 186
vulvo-vaginite infectieuse
pustuleuse 123
yeux 55, 87, 92, 93, 97

Annexe : Listes A et B de l'OIE

Ces listes ont été établies par l'OIE (Office international des épizooties, désigné aussi sous le nom plus récent d'Organisation mondiale de la santé animale) et indiquent l'importance des maladies énumérées sur le plan international (Source : http://www.oie.int consulté le 24 juin 2004). Les listes A et B de l'OIE sont maintenant fusionnées en une seule liste.

Liste A

Maladies transmissibles qui ont un grand pouvoir de diffusion et une gravité particulière, susceptibles de s'étendre au-delà des frontières nationales, dont les conséquences socio-économiques ou sanitaires sont graves et dont l'incidence sur le commerce international des animaux et des produits d'origine animale est très importante.

Clavelée et variole caprine
Dermatose nodulaire contagieuse
Fièvre aphteuse
Fièvre catarrhale du mouton *(bluetongue)*
Fièvre de la vallée du Rift
Influenza aviaire hautement pathogène
Maladie de Newcastle
Maladie vésiculeuse du porc
Péripneumonie contagieuse bovine
Peste bovine
Peste des petits ruminants
Peste équine
Peste porcine classique
Peste porcine africaine
Stomatite vésiculeuse

Liste B

Maladies transmissibles qui sont considérées comme importantes du point de vue socio-économique et/ou sanitaire au niveau national et dont les effets sur le commerce international des animaux et des produits d'origine animale ne sont pas négligeables.

a. Maladies communes à plusieurs espèces
Cowdriose
Echinococcose/hydatidose
Fièvre charbonneuse
Fièvre Q
Leptospirose
Maladie d'Aujeszky

Myiase à *Chrysomya bezziana*
Myiase à *Cochliomyia hominivorax*
Paratuberculose
Rage
Trichinellose

b. Maladies des bovins
Anaplasmose bovine
Babésiose bovine
Brucellose bovine
Campylobactériose génitale bovine
Coryza gangreneux
Cysticercose bovine
Dermatophilose
Encéphalopathie spongiforme bovine
Leucose bovine enzootique
Rhinotrachéite infectieuse bovine/vulvo-vaginite pustuleuse infectieuse
Septicémie hémorragique
Theilériose
Trichomonose
Trypanosomose (transmise par tsé-tsé)
Tuberculose bovine

c. Maladies des ovins et des caprins
Adénomatose pulmonaire ovine
Agalaxie contagieuse
Arthrite/encéphalite caprine
Avortement enzootique des brebis (chlamydiose ovine)
Brucellose caprine et ovine (non due à *B. ovis*)
Epididymite ovine *(Brucella ovis)*
Maedi-visna
Maladie de Nairobi
Pleuropneumonie contagieuse caprine
Salmonellose *(S. abortusovis)*
Tremblante

d. Maladies des équidés
Anémie infectieuse des équidés
Artérite virale équine
Dourine
Encéphalite japonaise
Encéphalomyélite équine de l'est ou de l'ouest
Encéphalomyélite équine vénézuélienne
Gale des équidés
Grippe équine
Lymphangite épizootique

Métrite contagieuse équine
Morve
Piroplasmose équine
Rhinopneumonie équine
Surra *(Trypanosoma evansi)*
Variole équine

e. Maladies des suidés
Brucellose porcine
Cysticercose porcine
Encéphalomyélite à entérovirus
Gastro-entérite transmissible
Rhinite atrophique du porc
Syndrome dysgénésique et respiratoire du porc

f. Maladies des oiseaux
Bronchite infectieuse aviaire
Bursite infectieuse (maladie de Gumboro)
Chlamydiose aviaire
Choléra aviaire
Entérite virale du canard
Hépatite virale du canard
Laryngotrachéite infectieuse aviaire
Maladie de Marek
Mycoplasmose aviaire *(M. gallisepticum)*
Pullorose
Tuberculose aviaire
Typhose aviaire
Variole aviaire

g. Maladies des lagomorphes
Maladie hémorragique du lapin
Myxomatose
Tularémie

h. Maladies des abeilles
Acariose des abeilles
Loque américaine
Loque européenne
Nosémose des abeilles
Varroase

i. Maladies des poissons
Herpèsvirose du saumon masou
Nécrose hématopoïétique épizootique
Nécrose hématopoïétique infectieuse

Septicémie hémorragique virale
Virémie printanière de la carpe

j. Maladies des mollusques
Bonamiose *(Bonamia existiosus, Bonamia ostreae, Mikrocytos roughleyi)*
Maladie MSX, haplosporidiose *(Haplosporidium nelsoni)*
Marteiliose *(Marteilia refringens, M. sydneyi)*
Mikrocytose *(Mikrocytos mackini)*
Perkinsose *(Perkinsus marinus, P. olseni/atlanticus)*

k. Maladies des crustacés
Maladie de la tête jaune
Maladie des points blancs
Syndrome de Taura

l. Autres maladies de la liste B
Leishmaniose

Photo de couverture : Gilles Saint-Martin © Cirad

Edition : Martine Lemaire, Cirad
Maquette et mise en pages : Patricia Doucet, Cirad

Imprimé pour vous par Books on Demand (Allemagne)

www.ingramcontent.com/pod-product-compliance
Lightning Source LLC
Chambersburg PA
CBHW051821150726

47998CB00001B/240